KB213184

이름 없는 요리를 합니다

일러두기

레시피의 1큰술은 15ml, 1작은술은 5ml, 1컵은 200ml.

계량스푼과 계량컵 표면을 손가락으로 가볍게 쓸어 재료가 넘치지 않게 계량한다.

'적당량'은 적당히 양을 조절한다.

'적당히'는 취향에 따라 넣지 않아도 상관없다.

이름 없는 요리를 합니다

나답게 살기 위한 부엌의 기본

내 삶이 드러나는 매일의 식탁,
간편하게 먹어도 제대로

주부와생활사 지음
정연주 옮김

샘터

프롤로그

어느 덧 자녀들이 독립하고, 부부 두 사람만의 생활이 시작되면
새로운 삶의 형태를 고민하게 된다. 인생의 전환점은 그렇게 사소한 순간에 찾아온다.
눈앞의 목표를 위해 거침없이 달려온 젊은 시절과 달리
중년이 되면 자신에게 진짜 필요한 게 무엇인지 정확히 알게 된다.
자기에 대한 이해가 깊어지면서 자기만의 방식으로
일상을 꾸려가기 시작한다.
사람들의 일상이 가장 잘 드러나는 부분은 바로 '매일의 식탁'.
몸 상태나 식성이 달라지는 나이에 접어들면서
심신 모두 건강하게 지낼 수 있도록 생활 습관을 정리하고
지금 나에게 딱 맞는 식사를 시작하게 된다.

이 책에서는 음식과 관련된 일을 하는 사람들에게
나이를 먹으면서 그들의 식탁에 어떤 변화가 생겨났는지 물어보았다.
"아주 편해졌어요! 아이들이 독립해서 크게 식단을 신경 쓰지 않아도 되니
부담이 훨씬 덜해요."

“조리법도, 맛도 깔끔해졌어요.”

“예전에 어머니가 만들어주었던 지극히 평범한 일본식 요리를 만들게 되었네요.”

수년, 수십 년간 부엌에 서서 밥을 지어왔다.
재료의 특성도, 제철을 즐기는 법도, 양념을 맛있게 활용하는 방법도
자연스럽게 체득하게 되었다.
지금까지 누군가를 위해 밥을 차려왔다면
앞으로는 나 자신을 위한 식탁을 준비해야 할 때.
느긋하고 자유롭게 식탁을 즐기는 모습에는 설렘이 차오른다.
앞으로의 생활과 식탁이 그런 설렘이 넘치는 곳이라면
인생의 전환기도 가벼운 마음으로 맞이할 수 있지 않을까?

차례

'이름 없는' 요리

요리 이름에 얽매이지 않고
재료 본연의 맛을 살리는 음식을 만든다

"제가 요즘 자주 하는 음식은 제철 채소를 쪄서 만든 요리입니다. 가볍게 만들 수 있고, 쪄내면서 나온 국물로 수프도 만들 수 있지요. 새로 요리하지 않아도 덤으로 쉽게 뭔가 맛볼 수 있으니 좋잖아요." 이렇게 쪄낸 채소는 고기 요리에 곁들일 수도 있다.

수필가

히라마쓰 요코

식문화와 라이프스타일, 문학과 예술을 테마로 폭넓게 글을 쓴다. 요리사는 아니지만 정갈하고 따뜻한 식탁으로 늘 주목받는다. 《손때 묻은 나의 부엌》, 《어른의 맛》, 《한밤중에 잼을 졸이다》, 《혼자서도 잘 먹었습니다》 등 음식에 대한 다수의 에세이를 썼다.

제철 채소를 사용한 무침과 수프는 채소에서 나오는 감칠맛이 제일 큰 양념이 되는 요리다. 갈수록 단순한 맛을 선호하게 된다. 생각났을 때 바로 만들 수 있는 간편함이 가장 큰 매력.

'제철 재료를 맛있게' 이를 기본으로 삼으면 매일 식단으로 고민할 일이 없어요

"전자레인지를 처분한 게 20년쯤 전이었으려나. 아이가 어렸을 때는 어쩔 수 없이 전자렌지에 많이 의지하긴 했어요. 당시 전자레인지 크기가 상당해 좁은 부엌에서 제법 자리를 차지하고 있었지요. 어떻게 할까 고민하면서 한동안 살펴봤는데, 사용하는 일이 거의 없는 거예요. 그래서 우리 집에는 더 이상 필요 없겠다고 생각했어요."

17년 전 발간된 저서 《히라마쓰 요코의 부엌平松洋子の台所》에서 '전자레인지를 버릴 거야'라고 가족 앞에서 단언하는 부분이 충격적이었다고 기억하는 사람이 아직도 많다. 수필가로서 여전히 음식에 관한 취재, 집필을 이어가고 있는 히라마쓰 요코의 이야기다.

60대가 된 지금도 주간지를 비롯하여 월간지, 신문 등에 칼럼을 많이 연재하고 있을뿐더러 저서 집필에 이르기까지 바쁜 나날을 보내고 있다. 그녀의 글은 물론 식탁도 언제나 주목을 받는다.

"전자레인지에 관해서는 저에겐 너무나 당연한 선택이었는데, 주변에서 놀라는 걸 보고 제가 더 놀랐어요. 당장 직면한 일도 중요하지만, 자신의 생활을 더욱 넓은 시야를 가지고 객관적으로 보는 것도 중요해요. 지금의 제 모습은 주어진 환경과 조건에서 스스로 선택해온 결과라고 할 수 있어요. 인생은 선택의 연속이에요. 그로 인해 일상은 자유자재로 변화하고 움직이지요. 변화를 두려워하지 않는 것이 중요하다고 생각해요. 그것만 지키면 훨씬 단순하게 살 수 있어요. 전자레인지를 없앤 것도 그런 선택 중 하나로, 작지만 의미 있는 인생의 통과점이었다고 생각합니다."

싱크대와 가스레인지 뒤에는 수납장과 작업대를 위아래로 배치했다. "세 걸음이면 전부 손에 닿을 수 있는 이런 작고 알찬 주방이 딱 좋아요."

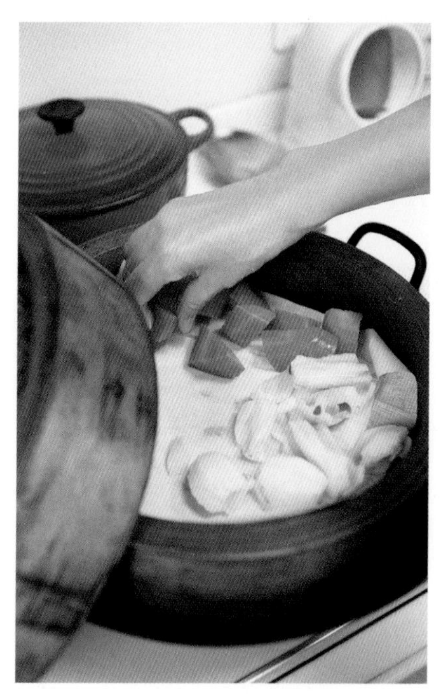

25년 이상 애용하며 손에 익은 찜기. 제철 뿌리채소를 찌는 것도 자주 만드는 음식 중 하나로 몸을 따뜻하게 데워준다.

레시피 없는 자유로운 요리

60대가 된 이후에는 어떤 일이든 원칙을 고집하기보다 그때그때 상황에 맞춰 자연스럽게 움직인다. 최근 먹는 음식에 대해 묻자, 채소가 중심이 되기는 하지만 여전히 고기를 좋아해 자주 먹는다고 한다. 하지만 외식은 예전만큼 빈번하게 하지 않아서 많아도 일주일에 한두 번 정도다. 매일 외식하는 일이 없도록 주의하는 것도 자연스러운 변화 중 하나로 꼽는다.

그런 히라마쓰의 식탁에 자주 등장하는 요리는 손이 너무 많이 가지 않고 냉장고에 거의 언제나 있는 재료로 만드는 음식이다. 봄에는 유채꽃과 산나물, 겨울에는 배추와 무처럼 제철 식재료를 활용한다. 제철 식재료를 찌거나 굽고 삶아 소금, 된장, 약간의 올리브 오일 등으로 가볍게 양념한다. 이렇게 맛이 충분히 살아 있는 제철 음식에 기대어 식탁을 차린다.

“예를 들어 ‘마파두부’처럼 이름 있는 정통 요리는 별로 만들지 않게 된 것 같아요. 레시피도 거의 보지 않고요. 지난 몇 년간 자주 만든 것들은 대체로 ‘이름이 없는 요리’뿐이에요. 제철 재료를 중심으로 요리를 하고 있으면 자연스럽게 그렇게 되어가는 듯해요.” 이름이 없고 레시피에 의지하지 않더라도 식재료를 맛있게 살리는 법을 알고, 제철 재료를 사용한다면 제대로 맛있는 요리를 만들게 된다는 것이 그녀의 요리 철학이다.

“그래도 어쩌다가는, ‘돼지고기 생강구이’처럼 특정한 음식이 먹고 싶어질 때도 있지만요.”(웃음) 제철 재료는 건강하고 값도 싸다. 계절에 식단을 맡기면 매일 뭘 먹을지 고민하지 않아서 좋다고 한다. 머리보다 손이 먼저 움직인다는 느낌이랄까.

요리할 시간이 없을 때를 대비해 밑재료를 준비해두는 것도 어른의 요령

다양한 요리로 변형할 수 있는 요리 재고를 만들어둔다

최근 들어 자주 만들어 먹는 요리가 있다. 바로 가마타마釜玉 소면(우동 면발에 날달걀을 얹고 파채 등의 고명과 국물 등으로 양념하여 먹는 음식. 여기서는 소면으로 대신했다. -옮긴이). 일 때문에 바쁜 시기에는 요리할 시간도 에너지도 없다. 그럴 때 소면과 달걀, 김으로 순식간에 가마타마 소면을 만들어 빠르고 편안하게 배를 채운다.

달걀 소금 절임이나 양배추 초절임, 삶은 돼지고기 등도 떨어지지 않도록 준비해두는 히라마쓰의 단골 메뉴. 반찬 하나를 만든다기보다 여러 요리로 활용할 수 있는 재료를 밑손질해둔다는 생각으로 준비한다.

조리 도구는 종류별, 높이 별로 세워서 수납한다. 쉽게 찾고 꺼낼 수 있다.

달걀 소금 절임은 삶은 달걀을 소금물에 담가둔 것으로 가능하면 4개씩 만든다. 삶은 달걀을 먹고 싶을 때마다 애써 삶지 않아도 되고, 장조림처럼 맛이 진하지도 않아서 다른 재료와 함께 사용하기도 좋다. 양배추 초절임은 오코노미야키나 샐러드, 샌드위치 등에 마음껏 넣을 수 있고 시간이 지날수록 식초가 더욱 배어들기 때문에 맛이 변하는 과정을 즐길 수 있다. 또한 염장하지 않은 돼지고기를 미리 삶아두면 무척 요긴하게 쓸 수 있다. 두껍게 썰어서 굽거나 그대로 먹기도 하고, 삶은 국물로 수프를 만들 수도 있다.

"바쁘거나 피곤할 때 뭔가를 가볍게 만들고, 수프 같은 요리까지 갖출 수 있다면 정말 좋잖아요." 이런 식으로 밑재료를 준비해두면 바빠서 여유가 없을 때 육체적으로나 정신적으로 편해진다. 히라마쓰의 식탁은 이런 밑재료를 다양하게 활용하여 채워진다. 예를 들어 아침부터 양배추 초절임을 듬뿍 넣은 오코노미야키를 굽는가 하면 저녁밥은 가볍게 먹고, 다음 날 아침에는 따뜻한 채소 찜을 곁들인 스테이크를 먹는 식이다. 아침밥은 이렇게, 저녁밥은 저렇게 하는 식의 고정관념에 얽매이지 않고 몸 상태에 따라 무엇을 먹을 것인지 결정한다.

하라마쓰는 생각하는 법도 받아들이는 방식도 유연하고 자유롭다. 먹는 행위는 자기 자신을 만들어가는 것이다. 원칙에 얽매이지 않는 자유롭고 유연한 식탁이야말로 '앞으로의 식탁'일지도 모른다.

막연하게 걱정했던 것보다 즐거운 시간이었다. 이렇게 50대를 보내면 되겠구나 안심하게 되었고 무엇보다 이 나이쯤 되니 식사 시간을 중요하게 여겨야 한다는 것도 깨닫게 되었다.

20년을 이어가는 식사 리듬, '3식' 아닌 '2와 2분의 1식'

히라마쓰의 식사는 대체로 3식이 아니라 2와 2분의 1식이다. 오전 7시 30분에서 10시 사이에 아침 식사를 한다. 일하는 틈틈이 휴식을 가지면서 근처 카페에 나가 커피와 함께 뭔가 달콤한 것을 먹는다. 이것이 '½식'이다. 저녁 식사는 기본적으로 저녁 7시에 먹으며,

거실의 묵직한 식기장에서 오늘의 요리에 어울리는 그릇을 고른다. 무엇을 먹을지도 중요하지만 음식을 담을 그릇 역시 중요하다. '그릇 하나로 기분이 달라지잖아요' 라고 말하는 히라마쓰.

밤 9시 이후에는 먹지 않는다. 밤 11시 즈음이면 잠들고 새벽 4시에 일어난다. 이런 생활 패턴을 20년간 이어왔다.

그러나 그녀는 20년간 고수한 패턴도 얼마든지 바뀔 수 있으며, 그렇게 변하는 것이 당연하다고 생각한다. 오히려 자신이 원하는 게 어떻게 바뀔지 기대된다고 한다. 먹는 음식과 먹는 방식을 선택하는 것까지, 모두 자신의 마음속에서 생겨나 자연스럽게 드러나는 것이다. 그러니 언제나 스스로에게 충실한 삶을 살 것. 그래야 늘 편안하고 기분이 좋다. 매일 비슷한 일상이지만 식탁도 자신도, 변화하는 것이 당연하다. 히라마쓰는 말한다. 그것이 인생이라고.

최근 들어 자주 만드는 **녹색 채소 찜**

재료(2인분)

깍지완두, 깍지콩, 시금치, 쑥갓 등
원하는 잎채소 적당량씩
마늘 3쪽
올리브 오일 약 3바퀴 분량
소금 적당량

만드는 법

① 채소는 각각 먹기 좋은 크기로 잘라 심이나 뿌리를 제거한다. 마늘은 칼의 납작한 부분으로 으깬다.

② 두꺼운 냄비에 잎채소를 제외한 채소 재료(깍지완두, 깍지콩 등)를 담고 마늘을 얹는다. 그 위에 잎채소를 겹쳐 담고 물 1컵(분량 외)을 붓는다.

③ 올리브 오일을 두른다. 뚜껑을 닫고 중간 불에 올려 전체적으로 숨이 죽을 때까지 익힌 다음 불에서 내린다. 마무리로 소금을 뿌려 간을 한다.

처음부터 소금으로 간을 하면 수분이 너무 많이 빠져나오므로 마지막에 간을 한다. 마무리로 올리브 오일을 한 번 더 둘러도 맛있다.

김을 양념처럼 활용한

파드득나물 김 무침

재료(2인분)

파드득나물(뿌리째) 1단

김 1장

소금 약간

올리브 오일 적당량

만드는 법

① 파드득나물은 뿌리를 잘라내고 먹기 좋은 크기로 썬다.

② 파드득나물을 가볍게 데친 다음 꼭 짜서 물기를 제거한다.

③ 볼에 데친 파드득나물에 소금과 곱게 부순 김을 뿌려 가볍게 버무린다.

④ 마무리로 올리브 오일을 둘러서 가볍게 섞는다.

파드득나물은 열을 살짝 가하는 정도로 데친다.

잘라낸 뿌리도 버리지 말고 활용하자. 뿌리 부분은 아린 맛이 강하므로 참기름이나 고추장, 간장 등을 이용해서 매콤하게 볶으면 간단하게 반찬 하나가 완성된다.

30년 가까이 만들고 있는

물냉이 수프

재료(만들기 쉬운 분량)

물냉이 5단 이상

돼지고기 어깨살(덩어리) 150g

청주 1큰술

소금 적당량

만드는 법

① 물냉이는 적당히 3등분해서 자른다.

② 돼지고기는 굵은 막대 모양으로 썬다.

③ 냄비에 물냉이와 물 8컵(분량 외), 청주를 담고 중간 불에 올린다. 끓으면 썬 돼지고기를 넣고 약한 불에 1시간 정도 뭉근하게 익힌다. 소금으로 간을 맞춘다.

물냉이에서 배어 나온 채수에 소금만 살짝 가미한 간결한 맛이다.

햇볕이 쏟아지는 거실 겸 식당. 단순한 요리도 빛내 주는 이 테이블에 매일의 식사를 차린다. 앞으로 읽을 책은 손이 잘 갈 수 있게 한쪽에 올려두었다.

미리 만들어두는 식재료 리스트

건강을 생각하면 대충대충 해치우고 싶지 않은 매일의 식사 준비. 하지만 바쁜 생활 속에 매 끼니를 제대로 챙기기도 쉽지 않은 일이다. 그러니 시간이 있을 때 미리 만들어서 냉장고에 넣어둘 수 있는 반찬을 활용해보자. 바쁠 때 든든한 비밀 병기가 되어준다.

특히 바로 사용할 수 있는 삶은 돼지고기나 그냥 먹어도 되는 보존 식품들은 꼭 챙겨두자. 남은 조미료를 섞어 만든 된장 양념 등도 단골 메뉴. 계절마다 만들어 1년 내내 맛볼 수 있는 잼도 유용하다.

붉은 과일 잼

매년 자두나 살구 등 붉은 과일이 잔뜩 나올 때가 되면 잼을 만든다. 껍질을 벗기고 씨를 발라내며 부지런히 손을 움직이면 조금씩 소란했던 마음도 비워진다. 빈 병에 나누어 담아 저장한 다음 1년 내내 소중하게 즐긴다. 주변 사람들과 나누면 보람과 즐거움도 더 커진다. "토스트나 요구르트에 곁들여서 새콤달콤한 맛을 즐깁니다. 돼지고기에도 잘 어울려요."

삶은 돼지고기

냄비에 물을 끓여 청주를 '적당히' 붓는다. 돼지고기 어깨살 덩어리(500~600g)를 넣고 30분 정도 보글보글 끓인다. 거품이 올라오면 중간중간 걷어낸다. 국물에 담근 채로 한 김 식힌 다음 고기와 국물을 따로 보관한다. 냉장고에서 각각 3일 정도 보관할 수 있다.
"삶은 돼지고기는 두껍게 썰어 바삭하게 구워 먹는 것을 좋아합니다. 돼지고기를 삶고 남은 국물은 수프로도 즐길 수 있어요. 국물을 불에 올려 끓으면 술과 소금을 적당량 넣은 다음 채소, 파 등을 가미해서 익히고, 달걀 푼 것을 두르면 완성이지요. 바쁠 때 이보다 더 편리할 수 없어요."

초간단 만능 된장 양념

고추장, 간장, 미소 된장을 적당량씩 섞은 다음 매실 절임을 손으로 찢어 더하고 맛술과 청주를 약간 섞는다. 산초 가루나 시치미 토우가라시 등 오래돼서 맛이 떨어져가는 조미료를 조금씩 더해 완성하는 만능 양념이다. 볶음 요리에 조미료로 사용하거나 채소 찜에 딥 소스로 곁들여 낸다. "무엇이든 자유롭게 섞어 넣으면 됩니다. 남은 조미료를 조금씩 섞어 취향에 따라 맛을 조절할 수 있으니 실패할 수가 없어요."

달걀 소금 절임

달걀 4개를 원하는 만큼 삶는다. 물 1컵에 소금 1작은술을 더해 섞는다. 껍질을 벗긴 삶은 달걀을 더해 냉장고에 하룻밤 넣어둔다. 다음 날부터 먹을 수 있으며 냉장고에서 4일간 보관할 수 있다. "일반 삶은 달걀보다 맛이 깔끔해서 국수에 올리거나 샐러드에 더해 먹으면 좋습니다. 그대로 먹어도 맛있어요. 지퍼백에 담아두면 냉장고 자리를 많이 차지하지 않아 편리하지요."

양배추 초절임

양배추 ½통을 채 썬 다음 물기를 제거해서 얕은 법랑(또는 유리) 보존 용기에 담는다. 소금 ½작은술, 설탕 ½작은술을 더하여 가볍게 섞는다. 손으로 꾹꾹 눌러 전체적으로 숨이 죽으면 식초를 바특하게 부어 실온에 하룻밤 동안 재운다. 냉장고에서 1주일 정도 보관할 수 있다. "시간이 지날수록 맛이 깊어지는 요리입니다. 처음에는 아삭아삭하다가 맛이 배어들면 부드러운 질감이 되지요. 샐러드 대신 먹어도 좋고 돼지고기와 함께 볶아도 맛있어요. 샌드위치나 오코노미야키에 듬뿍 넣어 먹기도 합니다."

요리에 필요한 것은 레시피가 아닌 자유로운 발상

'가마타마'라는 말을 들으면 주로 우동을 떠올리지만 히라마쓰는 역시 발상이 자유롭다. "소면으로 만들어도 되지 않을까?" 순간적으로 번뜩이는 생각을 놓치지 않고 바로 시도해본다. 우동에 비해 삶는 시간이 짧아 출출할 때 쉽게 만들어 먹을 수 있다.
달걀 소금 절임도 그냥 삶은 달걀에서 발상을 전환한 것이다. 요리에 쉽사리 활용하기 힘든 달걀 장조림보다 응용 범위가 넓다. 또한 양배추는 소금에 잔뜩 버무리는 대신 식초에 절인다.

아침, 점심, 저녁, 언제든지

가마타마 소면

재료(1인분)

소면 1묶음
달걀 1개
간장 한 방울
김 가루 적당량
시치미 토우가라시 적당량

만드는 법

① 달걀을 풀고 간장을 더해 잘 섞는다.
② 끓는 물에 소면을 넣고 원하는 만큼 삶는다. 채반에 밭쳐 물기를 제거하고 바로 볼에 넣은 다음 ①을 더해 젓가락으로 거품을 내듯이 재빨리 뒤섞는다.
③ 그릇에 담고 김 가루를 얹은 다음 시치미 토우가라시를 뿌린다.

집중해야 하는 일 사이사이, 나에게 주는 작은 여유

초콜릿과 커피로 휴식을 즐긴다. 이렇게 가볍게 자신을 달래는 방법을 알아두는 것이 좋다. 좋아하는 초콜릿은 '부르봉 알포트'(사진 위)나 한입 크기의 '메이지 밀크초콜릿'(사진 아래).

일하는 틈틈이 운동 삼아 산책을 나간다. 느긋하게 산책하며 자주 가는 카페에 들러 잠시 휴식을 취하는 것도 빼놓을 수 없는 즐거움이다. 단골 가게인 니시오기쿠보의 '유하JUHA'는 심신을 차분하게 가라앉힐 수 있는 곳이다. 타닥타닥 레코드가 돌아가는 소리와 함께 흘러나오는 음악에 귀를 기울이면서 커피와 달콤한 디저트를 맛본다. 잦을 때는 일주일에 3번씩 들리기도 한다.

이렇게 휴식 시간을 가지면 업무도 훨씬 수월하다. 밖으로 나갈 여유가 없을 때는 부담 없이 먹을 수 있는 초콜릿으로 짧은 휴식을 즐긴다.

하나의 요리를 차분히 맛볼 수 있는 식탁

제철 채소를 찌거나 삶거나 볶은 다음 소금과 올리브 오일을 뿌린다. 또는 간장을 살짝 두른다. 이런 소박한 요리가 식탁의 주인공이 된다. 이날 저녁은 고구마와 연근 등의 뿌리 채소를 찜기에 쪄서 안초비 소스나 미소 된장 양념을 찍어 먹는 한 접시 요리. 독일식 빵을 곁들였다. 불필요한 수고를 들이지 않고 식재료를 그대로 주인공 삼아 천천히 느긋하게 맛보게 된 것이 요즈음 맞이한 변화다. 무리하지 않고 계절과 함께한다는 느낌이다.

도쿄의 집, 주말의 집

생활 방식이 달라지니
식탁도 달라진다

스타일리스트

다카하시 미도리

광고, 출판 등 다양한 분야에서 푸드 스타일리스트로 활약했으며 자신의 생활과 음식에 대한 다수의 책을 집필했다. 도쿄와 도치키현의 구로이소를 오가며 일과 식사 등으로 바쁜 나날을 보내는 중이다.

다카하시 부부가 주말을 보내는 구로이소 집의 주방. 노슨한 분위기가 편안함을 더한다. 집 앞을 지나가던 친구가 스윽 들어와 "여기 와 있었어?"하고 안부를 물어볼 정도로 개방되어 있는 곳이다.

매일 맛있게 먹을 수 있다는 것이 무엇보다 행복한 일이죠 그거면 충분하다고 생각합니다

주말을 보내는 집은 JR구로이소 역의 코앞에 자리하고 있다.
한가로운 역전 대로에 차린 가게 'tamiser kuroiso'에 인접한 곳이다.

"저의 하루는 시간 축이 아침 식사와 점심 식사, 저녁 식사로 나뉘어 있어요. 매일 먹는 음식은 그다지 특별할 게 없어요. 아침이면 갓 지은 밥에 김과 낫토, 그리고 된장국을 먹습니다. 그 정도면 충분히 만족스럽고 행복합니다. 평범한 밥을 맛있게 먹을 수 있는 것이 무엇보다 중요하지 않겠어요?"

아침 식사는 충실하게 먹고 점심은 적당히 가볍게 즐긴다. 최근 몇 년간 이어온 습관이다. 그 대신 저녁 식사는 남편과 함께, 때로는 친구들까지 모여 와인을 곁들여 즐겁게 보낸다. 집에 누군가가 찾아온다고 해서 특별한 요리를 만들 필요는 없다. 자주 만드는 음식을 넉넉하게 준비할 뿐이다. 해보지 않은 음식을 하면서 걱정하는 것보다 익숙한 요리를 하는 게 마음도 편하고 부담이 없다.

광고에서 출판에 이르기까지 수년에 걸쳐 푸드스타일리스트로 활약한 다카하시 미도리. 스타일링을 담당한 요리책은 100권이 넘으며 자신의 생활 및 음식에 관한 내용을 담은 저서도 다수 출판했다. 나이를 먹을수록 요리에 대한 그녀의 애정은 더욱 깊어진다.

촬영을 위해 스타일링을 하고 시식을 하면서도 머릿속에서는 또 다른 음식을 생각한다. 이를테면 촬영이 끝나고 준비할 저녁 식탁을 떠올린다거나 '이 음식은 그 와인과 잘 어울릴 것 같아' 하는 식이다. 이렇게 그녀의 '레이더'는 쉬지 않고 음식을 찾아 움직인다.

아침에 일어나면 인근에 오픈한 빵집에 방금 구운 빵을 사러 간다. 아침밥으로는 대체로 포크를 꽂아 가스레인지에 직화로 고소하게 구운 토스트를 먹는다.

장소에 따라 먹고 싶은 음식이 달라지는 것도 자연스러운 일입니다

우선 아침을 먹기 전에 빨래를 한다.
점심 전이면 보송보송 기분 좋게 마른다.

사소한 계기로 시작된 구로이소 방문

남편의 본가가 있는 토치키 구로이소 지역에서 주말을 보내게 된 것도 벌써 10년이 다 되어간다. 구로이소에 귀성한 어느 날, 역 앞의 낡은 건물을 발견했다. 택시 대합소나 창고로 사용되던 공간이었지만, 조금만 손을 보면 꽤 멋진 공간이 될 것 같았다. 그 뒤로 두 집 살림이 시작되었다. 남편과 친구들의 힘을 모아 제법 모습을 갖춰가고 있을 때쯤 남편이 먼저 제안을 했다. "이곳에 미도리의 가게를 차리면 어때?"

다카하시의 가게 'tamiser kuroiso'가 시작되는 순간이었다.

"좋아하는 것이 있다면 생각만 해서는 다음 단계로 나아갈 수 없어요. 움직여야 해요." 그녀는 지난 10년을 되돌아보며 지금 이렇게 살아갈 수 있어 다행이라고 말한다.

"자신이 하고 싶은 일은 어떻게든 시도해보고 경험해봐야 그 일이 내 삶과 연결될 수 있어요. 그런 과정 속에서 인생도 한 발짝 나아갈 수 있습니다. 음식 스타일링이나 책을 쓰는 일도 마찬가지였어요. 그런 작업을 하지 않았더라면 구로이소에서 산다는 선

전날 먹다 남은 음식은 다음 날 아침 수프 재료로 마무리를 짓는다.
겨울이 되면 난로 위에 수프를 끓여두기도 한다.

택지가 어느 날 갑자기 '짠' 하고 나타나는 일은 없었을 거예요. '그러면 좋겠다'라는 생각을 마음속에 담아두고 있는 것만으로는 아무런 일도 일어나지 않아요"

가게 옆 공간에서 식물을 키운다.
"도쿄에는 없는 생활 속의 즐거움이죠."

도쿄에서 구로이소까지 집과 가게를 오가며 한 시절을 보냈다. 결혼 이후 부부 두 사람이 생활하게 되면서 '이렇게 50대를 보내게 되는구나' 하고 실감했다.

무엇보다 식사 시간을 중요하게 생각한다는 점도 깨닫게 되었다.

"나는 일도 중요하지만, 일상의 즐거움 역시 중요하게 여긴다는 사실을 구로이소에 살면서 느끼게 되었어요. 이웃 사람으로부터 채소를 잔뜩 받으면 식재료 본연의 맛을 살려 요리합니다. 사소한 대화를 나누면서 그릇을 놓고 식탁을 준비하지요. 제가 생각하는 행복은 대체로 이런 거예요. 소박하지만 매일 제대로 된 생활을 하고, 또 거기서 다음 생활로 이어지는 게 좋아요."

또한 매일 사용하는 그릇에 대해 묻자 "집에서 밥을 먹을 때는 긴장을 풀고 싶어요. 그러려면 어깨에 힘이 들어간 것보다 평소 요리도 편안하게 담을 수 있는 그릇이 좋지요. 별다를 것 없지만 내 취향이고, 질리는 일 없이 계속 함께할 수 있는, 도량이 넉넉한 그릇이 좋다고 생각해요"라고 대답한다.

"어린 시절 우리 집에서 사용하던 그릇은 아주 평범한 것이었어요. 하지만 그릇과 음식에 얽힌 추억이 많지요. 예를 들어 식탁에는 수시로 붉은색의 둥근 찬합이 올라가 있어서, 그걸 볼 때마다 '오늘

주말, 집에서의 아침 식사는 대체로
빵과 수프. 제철 과일도 빠뜨리지 않는다.
홍차는 포트로 우려서 듬뿍 따른다.

이 무슨 날이지?'하고 생각했어요. 뚜껑을 열면 지라시스시나 오하기(찐 멥쌀과 찹쌀을 가볍게 친 다음 팥고물을 묻힌 떡의 일종 -옮긴이), 팥밥 등이 들어 있어 그걸 보고 어떤 날인지 알게 됐어요. 어머니는 명절이나 행사, 절기, 생일처럼 뭔가 기념하거나 축하할 일이 있는 날엔 요리와 그릇으로 자연스럽게 알려주고 계셨던 거예요."

구로이소에서 먹는 밥과 도쿄에서 먹는 밥의 차이

구로이소와 도쿄, 두 집에서의 식사 중 특히 차이가 나는 부분은 아침밥이다. 구로이소에서는 기

인근에 있는 남편 본가의 돌 창고.
언젠가 여기를 즐겁게 사용할 날이 올지도!

본적으로 빵과 수프, 넉넉한 홍차를 곁들인다. 특히 겨울날의 추운 아침에 장작 스토브로 끓인 따뜻한 수프가 있으면 정말 좋다. 한편 도쿄에서는 갓 지은 밥과 된장국을 중심으로 식단을 구성한다.

저녁이 되면 치즈와 살라미, 생채소를 '스타터'로 준비한다. 그런 다음 구로이소에서는 고기나 생선을 숯불에 굽고 스토브 위에서 조림 요리를 만든다. 현지의 신선한 채소도 많이 받는다. 생활 공간이 다른 만큼 음식 역시 자연스럽게 구별되는 건지도 모른다는 마카하시.

"도쿄의 맨션은 공간이 작지만 그 나름대로 차분하고 편안함이 느껴집니다. 구로이소의 집은 개방형 구조로 되어 있어서 신발을 신은 채로 들어오는 스타일이에요. 개방적인 만큼 기분도 너그러워지는 것 같아요. 도쿄에서는 사용하기 까다로운 큼직한 그릇이나 소박한 접시가 활약합니다. 공간이란 생활과 마음 모두에 영향을 미친다고 생각해요."

60대가 된 지금의 식사에 대해서는 이렇게 말한다. "큰 변화는 없지만, 역시 먹는 양은 살짝 줄어들었을지도 몰라요. 하지만 예전에 너무 많이 먹었으니 이제 평범한 수준이 되었다고 할까요. 술도 식사할 때 가볍게 마시는 게 좋고, 무턱대고 마시는 건 졸업했습니다. 하지만 음식에 대한 욕구에는 변함이 없어서 아침, 점심, 저녁으로 언제나 먹고 싶은 음식을 만들어 먹습니다. 기왕이면 맛있게 먹는 편이 좋으니까. 나에게는 먹는 시간이 무엇보다 즐겁고, 매우 소중한 시간이기도 해요. 계속 맛있게 먹으면서 살아갈 수 있으면 좋겠다고 생각합니다."

손님이 왔을 때 간단하게 집어 먹을 수 있는 음식부터

주말을 보내는 구로이소 집은 바로 역 앞에 위치해 있다. 집에서 한 발짝 나오면 바로 기차역이 보일 정도. 그래도 다카하시와 남편 쇼타로는 거리낌 없이 출입문을 활짝 열어둔 채 숯불에 불을 붙이거나 채소를 손질한다. 길거리를 지나가던 동네 친구들이 자연스럽게 들러 인사를 나누고 가볍게 와인을 마시기도 한다. 그럴 때는 사과 상자를 쌓아 만든 카운터 위에 치즈나 살라미, 과일과 채소를 올려두고 그대로 서서 와인을 마신다. 초대하고 '대접'하는 자리가 아닌 만큼 느슨하고 편안하게 즐긴다.

손님 접대는
익숙하고 자신 있는 요리로

구로이소에 살게 된 이후 집에 누군가 밥을 먹으러 찾아오는 일이 많아졌다. 가능한 한 실패하지 않고 '검증'된 요리를 하려다 보니 평소에 즐겨 먹으며 맛있다고 생각한 음식들만 차린다. 그러니 식탁에 오르는 것은 언제나 남편과 둘이서 먹는 것과 같은 요리다. 다른 것은 분량 정도. 특별한 음식을 하지 않게 되자 마음도 편해지고 그 시간을 훨씬 즐길 수 있게 되었다. 자연스럽게 친구들과 식탁에 둘러앉는 횟수도 늘어났다.

재료가 주인공이 되는 식탁

구로이소에서의 식사는 대체로 숯불에 재료를 구워 먹는 것이 전부다. 그 외에는 쪄 먹는 정도. 고기에도 밑간을 해서 재워두기 때문에 따로 손질할 일이 없다. 다 익은 뜨끈뜨끈한 고기에 올리브 오일을 두르는 정도로 조미한 후 각자 알아서 자기 취향대로 소금과 후추를 뿌려 먹는다. 껍질이 새까맣게 변할 때까지 통째로 구운 양파는 속이 촉촉하게 찐 것처럼 부드럽고 달콤해 언제나 인기 만점이다.
"모든 식재료가 그 자체로 주인공인 식단이지요. 제 역할은 식재료를 다듬어 준비하는 정도입니다."

① 소고기는 일상적으로 슈퍼마켓 정육 코너에 덩어리 고기를 주문해 잘라달라고 부탁한다. 남편인 쇼타로가 익숙한 손놀림으로 고기를 뒤집거나 표고버섯에 오일을 두른다.

② 사용하는 식재료는 차를 타고 나가서 인근의 도로 휴게소에서 조달한다. 신선한 채소나 과일을 구할 수 있다.

③ 숯불에 직접 양파를 통째로 던져 넣어 숯과 헷갈릴 정도의 색이 될 때까지 굽는다.

④ 양파 통구이를 자른다. 껍질이 새까맣게 변한 것에 비해 속은 살짝 투명하고 황갈색을 띤다. 입안에 넣으면 단맛이 쭈욱 퍼진다.

다 구운 고기는 통째로 나무 그릇에 턱 하니 담는다.
그 자리에서 썰어서 주면 더욱 먹음직스럽다.

해가 지기 전부터 시작된 파티. 날이 어두워지면 안으로 들어가서 느긋하고 편안한 분위기를 즐긴다.

오늘 밤의 메뉴는 숯불에 구운 쇠고기와 양파, 표고버섯. 식재료 본연의 단맛과 질감을 즐긴다.
산과 가까운 구로이소의 지역적 특성이 살아 있는 집밥이다.

컨디션에 따라 간편하게 만드는 아침 식사

일 중심으로 생활하는 도쿄에서는 좋은 컨디션을 유지하기 위해서 아침 식사는 반드시 챙긴다. 백미 밥에 된장국, 낫토를 먹는 날이 있는가 하면 도로로다마(다시마를 가늘게 채 썰어 양념한 미끈미끈한 질감의 밑반찬 -옮긴이)를 얹어서 간단하게 우동으로 끝내는 날도 있다. 요즘 자주 차리는 아침 식사 메뉴가 있다면 흰죽이다. 생쌀을 가볍게 씻어 물에 익히면 완성되는 간편식으로, 피로감이 느껴지는 아침에 제격이다. 쌀과 물을 1:10의 비율로 잡는다. 뚜껑을 닫지 않은 채로 가열하다가 끓어오르면 거품을 조금 제거한 다음 30분 정도 약한 불에서 익힌다. 촉촉하고 깔끔한 죽이 완성된다. 매실 절임과 채소 절임을 곁들여 먹는다.

'아침 정식' 같은 저녁 식사

잦은 외식으로 위가 지쳐 있거나 여행에서 막 돌아왔을 때는 아침 정식과 같은 식단으로 몸을 다독인다. 갓 지은 밥과 된장국, 김 그리고 구운 건어물을 준비한다. 그리고 절대 빠지지 않는 반찬이 있으니 청경채와 유부를 간장과 청주에 살짝 조린 것. 고기보다 유부를 좋아하는 다카하시 요리의 원점이라고도 할 수 있다. 요리 연구가 도이 노부코土井信子로부터 전수했다. 관서 지역식 반찬과 비슷한 맛으로 몸도 마음도 편안하다.

편구 바리때로 우린 말차

"화과자 연구가 카네즈카 하루코金塚晴子에게서 편구 바리때로 말차 우리는 법을 배운 이후 지극히 일상적으로 차를 마시게 되었어요." 말차는 찻잎을 쪄낸 후 말려서 잎맥을 제거하고 곱게 갈아낸 분말 형태의 녹차로, 물에 타서 마시므로 우리는 법이 조금 다르다. 평상시 사용하는 편구 바리때에 말차와 물을 넣고 삭삭 휘젓는 가벼운 느낌이 좋다. 퇴근 후 머릿속을 전환하고 싶거나 단 것을 먹고 난 후 입 안을 개운하게 하고 싶을 때 늘 좋은 선택지가 되어준다. 예전에 다도 수업에서 배운 대로 등을 곧게 펴고 아름다운 동작으로 말차를 우려서 건네준다.

평일, 도쿄의 집

하루를 마감하는 저녁 식탁

남편과의 저녁 식사는 다카하시에게 하루를 마감하는 소중한 시간이다. 남편과는 요리뿐만 아니라 그릇에 대한 이야기도 나눈다. 도쿄의 집에서 천천히 저녁 식사를 하는 날에는 그날 마실 술을 준비해둔다.

옻칠한 그릇도 평소 식탁에

혼자 사는 생활을 시작했을 때 처음 산 것이 아카기 아키코赤木明登 개인전에서 만난 빨간색과 검은색으로 이루어진 그릇이다. 반짝이지 않는 무광 옻칠이 주는 느낌이 좋아 조금씩 칠기를 손에 잡게 되었다. 시간이 꽤 지난 지금까지도 잘 활용하고 있다. 오래도록 사용할 수 있게 손질하는 것 또한 잊지 않는다.

또한 시어머니에게 물려받은 닌죠 요시카쓰仁城義勝의 차례차례 포개 담을 수 있는 그릇 세트도 소중하게 사용하고 있다. 5개의 그릇으로 이루어져 각기 국그릇과 밥그릇, 반찬용 그릇으로 다양하게 쓸 수 있는 활용도 높은 제품이다.

주방의 문턱을 낮추는 일

부엌의 창문은 사회로 이어져 있다

요리 연구가

에다모토 나호미

가정의 식탁에 어울리는 맛있고 정직한 요리를 선보인다. 또한 노숙자의 자립을 지원하는 〈빅이슈〉 잡지 운영에 관여하고 있으며 일반사단법인 '팀 무카고'의 활동을 통하여 농업 지원 및 부흥을 도모하는 중이다.

요리 촬영이 있는 날, 스태프들과 모여 점심을 먹는 식탁. 오늘의 주제는 흰쌀밥이 맛있어지는 반찬이다. "역시 일본인 식생활의 기본은 쌀이지요. 주식을 소홀히 여기면 안 된다고 생각해요."

'우후후' 하고 웃는 에다모토의 얼굴은 보는 사람까지 행복하게 만든다. "내 직업은 '주방의 문턱을 낮추는 일'이라고 생각해요. 정신을 차리고 보니 주방에서 요리를 하고 있더라, 그런 사람들이 늘어나면 좋겠어요."

부엌 한구석에 말리고 있는 옥수수. 딱딱해져 버린 것을 농가에서 받아왔다. “껍질을 벗겨 잘 풀면 닭 모이로 쓸 수 있지 않을까 싶어서요. 보잘것없는 것들도 어딘가엔 쓸모가 있으리라 생각해요.”

음식을 제대로 고르는 것은 사회 운동의 일환이기도 합니다

간장이나 맛술 등의 조미료는 전통 제법을 통해 건실하게 제조한 것을 구입한 다음 모두 똑같은 모양의 작은 병에 옮겨 담는다. 큰 병보다 가벼워서 사용하기 쉽고, 모양이 일정하게 갖춰져 있으면 주방도 정돈되어 보인다.

"나이가 들면서 식탁과 부엌의 모습이 어떻게 변했습니까?" 이 책에 등장하는 모든 이에게 던진 질문이다. 에다모토 나호미는 작은 숨을 들이마시고 긴 호흡을 내뱉었다. 부드럽지만 단호한 그녀의 대답이 이어졌다. "최근 들어 특히 음식이란 사회와 연결되어 있는 존재라는 생각이 강하게 듭니다."

저렴한 물건 뒤에 숨은 '무리함'

음식은 살아가고 생활하기 위한 기초 요소다. 대부분의 사람은 매일, 매 끼니 무엇을 먹을 것인지를 선택한다. 사람이 평생 살면서 하는 선택 중에 가장 빈도가 높은 것이라 해도 과언이 아니다.

"그 순간 어떤 선택을 하는가에 따라 기본적인 사회의 자세가 바뀔 수 있다고 생각해요." 예를 들면 말이죠, 하고 이야기가 이어진다.

"레시피 제안과 관련된 업무 회의에서 특정 가공식품을 사용해달라는 요청을 받았어요. 슈퍼마켓이나 편의점에서 흔히 파는 제품으로 구하기 쉽고 아주 저렴한 것이었지요. 편리하고 인기가 많은 제품이지만, 가능하면 내 요리에는 사용하고 싶지 않았어요. 유전자 조작 원료를 사용하거나 공장식 축산에 기대고 있거나, 공정 무역이 아니기도 하니까요. 대량으로 저렴하게 만들어지는 과정 중간 어딘가에 반드시 무리가 되는 부분이 있을 거라고 생각해요."

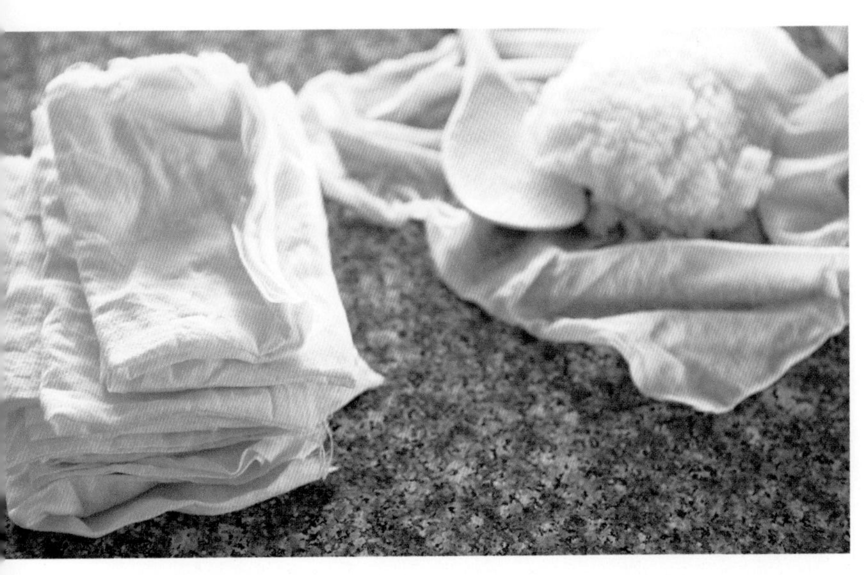

플라스틱 쓰레기가 해양 생물과 생태계에 미치는 영향을 알게 된 후부터 플라스틱 랩 사용을 자제하게 되었다. "밥은 갓 지었을 때 물에 적셔서 꽉 짠 면포로 감싼 다음 냉동실에 넣어 보관합니다. 랩으로 쌀 때와 마찬가지로 전자레인지에서 해동할 수 있어요."

물론 일상생활에서 쓰기 좋은 저렴하고 편리한 식품의 수요가 늘어나고 있는 현실도 이해할 수 있다. 게다가 제대로 만든 제품에는 아무래도 가격이 올라갈 수밖에 없다는 점도 식품 가공에 직접 종사하게 되면서 절실하게 느끼게 되었다.

"인건비나 생산 비용을 생각하면 제대로 된 재료를 사용하고 정성을 들인 제품이 이익을 얻기 힘든 구조라고 할 수 있어요."

그런 사정을 충분히 이해하고 나자, 좋지 않은 영향을 미치거나 제조하는 사람에게 부담을 줄 수 있는 제품은 가능한 한 사용하지 않게 되었다. 특히 농가 지원이나 피해 지역의 지원 활동을 통해 농업이 지닌 여러 가지 어려움과 문제점을 직면하게 되면서 '뭐든 해야 한다'는 절박한 심정이 되었다. 아이들의 미래를 위해서라도 지속 가능하고 건강한 음식을 만들어야겠다고 다짐했다. 그녀가 다음 세대에게 남길 수 있는 최소한의 희망이라고 믿으면서.

"명분은 이해하면서도 비싼 음식을 살 여유가 없다고 말하는 분들이 많아요. 하지만 돈이 없으니까 맛있는 것을 먹을 수 없다는 사고방식은 매우 유감스럽고 안타까워요. 그런 가치관이 팽배하면 자본의 유무로 행복 여부가 결정되는 사회가 되지 않겠어요?"

갓 지은 윤기 나는 밥이나 막 쪄낸 따끈따끈한 콩. 그런 검소한 식사 속에서 맛있게 먹는 감각과 행복을 찾아내는 생활을 하고 싶다.

에다모토의 건강을 지탱하는 것은 농사짓는 친구가 보내주는 채소. 채소 생산량이 많을 때는 보존 식품을 만들기도 하는데,
얼마 전 맛을 봐달라며 각종 잼을 보내왔다.

"나는 요리를 직업으로 삼고 있지만, 1큰술이나 1작은술에 집착하기보다 '먹는다'라는 행위의 근원을 생각하는 요리인으로 머무르고 싶어요. 먹는 것은 삶과 밀접하게 연관된 일이니까요."

'이건 먹으면 안 돼'라는 식으로 부정하거나 고집을 부리고 싶지는 않다고 말한다. 그러면 상대방의 삶의 방식을 부정하게 돼버리기 때문이다.

"다만 이렇게 저렴한 가격은 어떻게 책정되는 것일까? 혀에 남는 이 뒷맛의 정체는 무엇일까? 그런 생각을 하면서 입에 넣는 것도 중요하지 않을까 싶어요. 필요 이상으로 저렴한 가격을 얻으려면 누군가는 무리하게 되겠지요? 거기서부터 생각을 발전시키는 거예요. '저렴하면 그만이야'라는 가치관만 가지고서는 음식의 순환이 이루어지지 않을 거라 생각합니다."

에다모토는 농가를 방문하는 일도 많은데 점차 농가가 줄어드는 듯하여 불안감을 느낀다.

"자신의 일을 자식들에게 물려주고 싶지 않은 부모 세대가 많아요. 이익이 잘 나지 않기 때문에 자식들에게 농가의 일을 잇게 할 수 없다고 해요. 여기에는 여러 가지 이유가 있겠지만, 소비자의 태도와도 무관하지 않다고 생각해요. 우리가 저렴한 것만 찾다 보면 결국 누군가의 수입은 감소하게 될 수도 있어요. 농가뿐만 아니라 대지와 지구도 지치게 돼요. 미래 아이들의 몫을 지금 우리가 먹어버리고 있는 것이 아닌가 걱정이 됩니다."

작은 행동도 모이면 큰 힘

에다모토는 식재료를 선택하는 일은 아주 작은 행동이지만, 사회에 나의 의사를 전달하는 행위라고 말한다. 그렇게 작은 행동이 이어지게 하는 것이야말로 자신이 해낼 수 있는 일이다. "먹는 행위가 사회 운동으로 이어진다는 가치관을 개개인이 갖추게 되면 사회도 변하게 된다고 생각해요."

촌철살인의 글로 화제에 오르곤 하는 에다모토의 트위터에는 이런 멘션이 올라왔었다. '대량으로 만들어서 대량으로 소비하고 남으면 버린다. 곧 지나가버리고 말 최신 유행만 좇는다. 편리함을 풍성함으로 착각한다. 편리함을 풍성함으로 착각한다. 그런 세상은 절망적이다. 작아지는 용기를 가지는 것도 성장이지 않을까.'

2011년 동일본대지진이 일어난 직후였다. 지진을 계기로 이전보다 음식과 사회의 관계를 깊이 생각하게 되었다.

"무엇을 먹을 것인가를 포함한 삶의 방식을 선택하는 것이 사회를 바꾸는 힘이 되기도 합니다. 우리는 먹고살기 위해 여러 가지 물건을 팔거나 일을 하고 있지요. 우리가 살아가는 행동이 사회를 굴러가게 만드는 엔진이 됩니다. 그렇다면 우리의 선택으로 세상을 바꿔나갈 수 있는게 아닐까요?"

최근에는 음식의 미래에 대해 강연할 기회도 많아졌다. 그럴 때 반드시 하는 말이 있다. 식품 다큐멘터리 영화 〈푸드 주식회사〉의 엔딩 크레딧에 흐르는 구절이다. '우리에게는 하루 3번 사회를 바꿀 기회가 있다.' 이 쌀은 어떤 식으로 생산되었을까? 여기에 도착할 때까지 어떤 공정을 거쳐 얼마나 많은 사람의 손을 지나왔을까? 우리 삶의 기반이 되는 그들의 수확물에 관심을 갖고, '잘 먹겠습니다' 하며 손을 내밀 때 바로 그 순간이 '앞으로의 식탁'을 건강하게 만드는 시작이 될 것이다.

삶기보다 찌기를 권장하는
찐 대두

건조대두 200g(만들기 쉬운 분량)을 가볍게 물에 헹군 다음 콩 3배 정도의 물을 부어 하룻밤 동안 불린다.

압력솥에서 찔 경우

압력솥 속에 찜기를 넣고 대두와 불린 물을 붓는다. 압력이 발생해도 대두의 껍질이 터지지 않도록 군데군데 구멍을 낸 유산지를 얹은 다음 뚜껑을 닫는다. 강한 불에 올려 핀이 올라오면 약한 불로 낮춘 다음 3~5분간 가열한다. 불에서 내린 다음 핀이 내려와서 뚜껑을 열 수 있게 될 때까지 그대로 둔다.

냄비로 찔 경우

대두를 불린 물과 함께 냄비에 넣고 중강 불에 올린다. 거품을 걷어내며 대두가 위아래로 가볍게 움직일 정도로 불 세기를 조절하면서 40~50분간 삶는다. 중간에 대두가 물 표면으로 드러나면 물을 보충한다. 손가락으로 눌러 으깨질 정도로 익었는지 확인하며 삶는다.

고급 음식이 아니어도,
막 쪄낸 콩은 내로라할 진미

'진미'에 대한 시각을 조금 바꾼 다음 주방에 서면 맛의 세계가 넓어진다. 에다모토식 관점에서 진미란 이를테면 막 쪄낸 콩 같은 것. 따끈따끈한 식감과 은은한 단맛에서 행복을 느낀다.

"'콩을 찌는 과정은 귀찮지 않나요?' 하는 질문을 자주 받습니다만, 압력솥에 던져 넣고 불에 올리면 끝이에요. 물이나 불의 힘만으로 만들어지는, 재료 그 자체의 담백한 맛을 알게 된다면 그보다 더 풍족한 식사도 없을 것입니다."

갓 지은 밥의 소중함,
그 가치를 알아주는 일

"돈을 투자하지 않으면 진미를 접할 수 없다는 사고방식은 정말 안타까워요." 예를 들어 매일 먹는 쌀이라도 농가를 운영하는 친구가 보내준 쌀로 밥을 지으면 먹을 때마다 '아, 맛있어' 하고 말하게 된다.

"좋은 소금을 삭삭 뿌려서 꼭꼭 쥐어 주먹밥을 만들면 그야말로 최고로 행복해지죠."

이런 음식이야말로 부자가 아니더라도, 누구라도 경험할 수 있는 진미다. 무엇을 진미라고 생각할 것인지는 먹는 사람이 음식을 받아들이는 방식에 달린 문제일지도 모른다.

보름달 달걀

재료(만들기 쉬운 분량)

달걀 4개

간장 50ml

만드는 법

① 날달걀을 껍질째 비닐봉지에 넣어 냉동실에 하룻밤 둔다.

② 언 달걀을 비닐봉지에서 꺼낸 다음 껍질이 쉽게 벗겨지도록 물에 담근 채로 껍질을 벗긴다. 20~30분간 그대로 두어 흰자가 말랑말랑할 때까지 해동한다.

③ 달걀노른자를 숟가락 등으로 꺼낸 다음 작은 보존용 봉지에 담고 간장을 더한다. 냉장고에 3시간 이상 두어서 재운다.

※냉장고에서 2일 정도 보관할 수 있다. 남은 흰자는 굽거나 수프에 넣는 식으로 활용한다.

채소의 질감을 즐기는

매콤한 소고기 당근 볶음

재료(4인분)

소고기 얇게 저민 것(불고깃감) 250g

당근 3~4개(촬영 시에는 노란 당근도 사용)

A
- **사탕수수당** 2작은술
- **청주, 맛술, 간장** 각 $2\frac{1}{2}$큰술씩
- **고추장** 1큰술
- **다진 마늘** 1작은술

깨소금 2큰술

참기름 2큰술

만드는 법

① 당근은 길게 4등분한 다음 돌려가며 길게 썬다.

② 프라이팬에 참기름을 두르고 중간 불로 가열한 다음 ①을 더해 중강 불로 3분 정도 볶는다. 소고기를 넣고 볶으면서 소고기 색이 바뀌면 A를 순서대로 넣고 골고루 뒤섞어 수분이 날아갈 때까지 볶는다.

③ 그릇에 담고 깨소금을 뿌린다.

마음까지 달래주는

말라바시금치와 줄 볶음

재료(4인분)

말라바시금치(중국 채소의 일종으로 황궁채라도고 불린다. -옮긴이) 1단(약 150g)

줄(볏과에 속하는 여러해살이 식물로 가느다란 죽순 모양의 줄기 아랫부분이나 낟알 등을 식용한다. -옮긴이) 2대

A
- **생강 얇게 저민 것** 3장
- **닭 국물 가루** $\frac{1}{2}$작은술
- **청주** 2큰술
- **굴소스** $1\frac{1}{2}$큰술
- **남플라** 1작은술
- **두반장** $\frac{1}{2}$~1작은술

기름(참기름이나 땅콩 오일) 2큰술

만드는 법

① 말라바시금치는 3~4cm 길이로 썬다. 줄은 겉껍질을 벗기고 4cm 정도의 길이로 막대 모양으로 자른다. 생강은 곱게 채 썬다.

② 프라이팬에 기름과 생강을 두르고 중간 불에서 충분히 가열한 다음 향이 올라오면 말라바시금치의 줄기와 줄을 더해 강한 불에서 볶는다. 윤기가 흐르면 말라바시금치 잎을 더해 골고루 버무린 다음 A를 순서대로 더해 양념한다.

무 하나, 배추 한 통을 전부 먹기 부담스럽다면

"이게 냉장고에 있다고 생각하면 바쁠 때도 마음이 꽤나 편안해지지요."

통째로 구입한 무나 배추를 전부 해치우기 힘들 때면 에다모토는 썩둑썩둑 잘라서 1~2일간 햇볕에 말린다. 수분이 빠져 감칠맛이 응축되고 보존성도 높아지니 일석이조다. 말린 무나 배추는 된장국 또는 전골의 재료로 사용한다. 이미 밑손질이 전부 끝난 상태이니 곧장 요리에 사용할 수 있어 편리하다.

또한 배추는 소금에 절이는 것도 좋다. 배추를 섬유질의 반대 방향으로 1~2cm 크기로 큼직하게 썬다. ¼개당 소금 ½~1작은술을 뿌려서 보존한다. "처음에는 담백한 맛이 나다가 몇 주 지나고 나면 발효되어 새콤한 맛이 느껴져요. 수프나 볶음 요리에 넣으면 독특한 매력을 더할 수 있습니다."

녹초가 된 밤에는 간단한 즉석 라면을

좋아하는 브랜드는 기린라멘이다.

온종일 고된 음식 촬영이 끝나면 손가락 하나 까딱할 기력도 남지 않는다. 허기는 달래야 하고 움직일 힘이 없을 때는 간편한 레트로 음식으로 저녁 식사를 준비한다.

"최근 좋아하는 메뉴는 큼직하게 썬 토마토와 고수, 치즈를 얹고 검은 후추를 뿌린 즉석 라면이에요. 냄비 하나만 있으면 만들 수 있지요. 남은 밥과 채소를 수프에 삶아낸 즉석 리소토도 맛있어요."

언제나 제대로 된 요리를 할 필요는 없다. 가끔 이런 밤을 보내는 것도 좋다.

에다모토 식단 일기

제품 촬영 때문에 요리하는 일이 많아 정작 내가 먹고 싶은 음식을 만들 기회가 적다. 보통 남은 식재료로 '직원 식사'를 만든다.

한 접시로 영양 보충

훌륭한 열빙어가 들어와 간단하게 구웠다. 주식은 부추와 해산물을 듬뿍 넣은 홍콩식 소금 맛 볶음국수. 향기가 진한 물냉이를 곁들였다.

더운 계절의 단골 요리

여름에 자주 먹는 것은 차가운 면 요리. 이날은 이나니와 우동(아키타 현의 수제 우동으로 일본 삼대 우동 중 하나다. 약간 납작한 모양에 질감이 부드러운 것이 특징이다. - 옮긴이)에 공심채 볶음과 소고기 및 남은 채소로 만든 조림을 곁들였다. 식단에 녹색 잎채소 볶음이 올라오면 어딘지 안심이 된다.

식욕이 당기는 향기

냉장고에 남은 채소를 푹 익혀 카레를 만든다. 쌀밥 대신 강황밥을 준비하면 좀 더 신경 쓴 느낌이 난다. 수제 피클을 곁들인다.

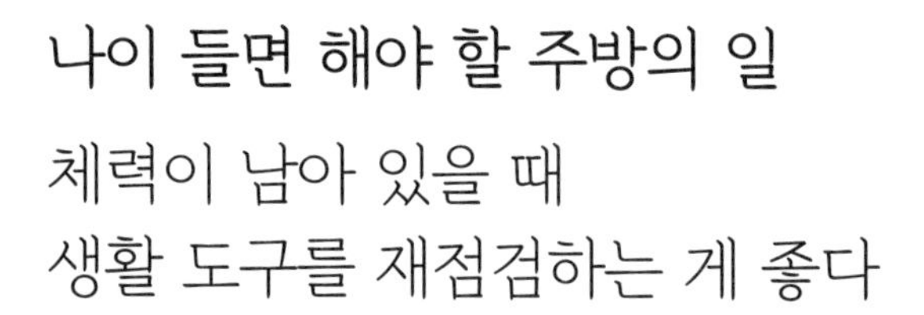

나이 들면 해야 할 주방의 일

체력이 남아 있을 때 생활 도구를 재점검하는 게 좋다

수필가

이시구로 토모코

일상적인 작업 도구 고르는 법, 수납 방법, 가사에 관련된 팁 등 생활에 관한 독특한 정보를 소개한다. '카메노코 스펀지 수세미(거북이 스펀지라는 뜻으로 부드럽고 적은 세제로도 설거지가 용이하며 오래 쓸 수 있는 설거지용 수세미. -옮긴이)' 등 주방 도구의 기획 및 제작에도 관여하고 있다.

오픈형 선반을 사용하면 어디에 무엇이 있는지 일목요연하게 보인다. 상단에 줄 세워둔 것은 이시구로식 양념통이다. 작은 잔 모양에 딱 맞는 나무 뚜껑을 수제로 제작한 것으로 소금이나 산초 등을 넣어두기 편리하다.

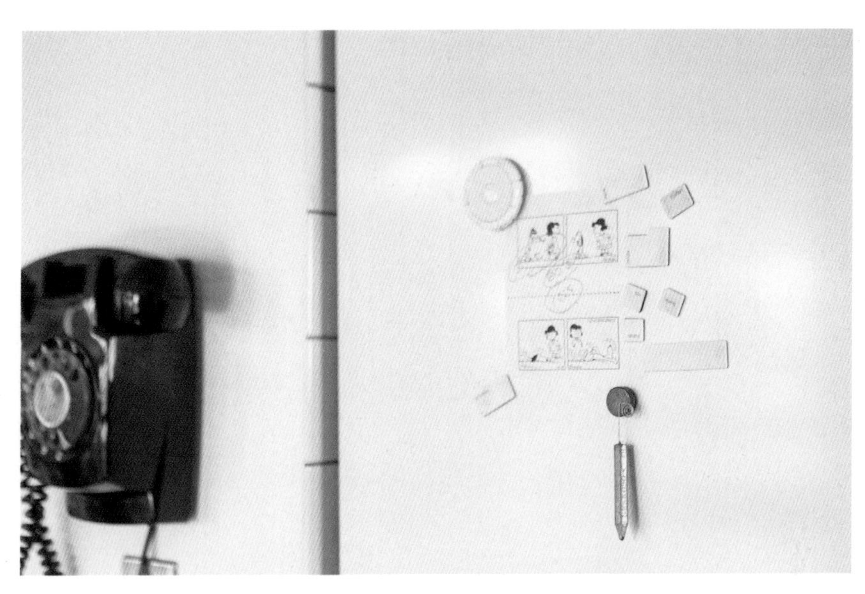

재고가 떨어지면 바로 메모해둔다. 메모지 삼아 냉장고 옆에 붙여둔 것은 읽지 않는 책에서 뜯어낸 종이.

벽에 걸어둔 앞치마 3개는 각각 본인과 남편, 손님용이다.

아직 기력과 체력이 남아 있는 60대, 생활을 재점검할 시기

'좋은 물건 찾기의 달인'. 이시구로 토모코를 생각하면 떠오르는 말이다. 언제나 '쾌적하고 편안한 생활'을 추구하며 머리와 손을 바삐 움직인다. 시행착오를 반복하며 찾아낸 생활 속 아이디어를 신문이나 잡지 등을 통해 공유한다.

집 안에 있는 모든 물건에는 각자의 역할이 있으며 용도에 맞는 장소에 일정하게 보관한다. 일상적으로 사용하는 도구조차 허투루 들이지 않기 때문에 집 안 구석 어딘가에서 쓸모없이 버려져 있지 않다. 그런 그녀도 최근 들어 모든 살림 도구를 다시 점검하고 있다.

"아이는 독립해서 집을 나가고 부모님 간호도 일단락을 지었습니다. 그래서 지금은 부부 두 사람

건축가인 남편과 함께 이 집을 지은 지도 30년이 훌쩍 넘었다. 수납과 동선을 오래 고민하고 설계했다.
주방 창문엔 주운 나뭇가지를 꽂아두었더니 눈에 띌 때마다 기분이 좋아진다.
주방에 설치한 이중창문은 단열에도 효과적이고 보기에도 좋다.

각종 도구를 늘어놓은 헹거 레일은 기능적인 부엌의 상징과 같은 존재다.

이 생활하고 있지요. 지금이야말로 전반적인 생활과 도구들을 점검하기 좋은 기회라고 생각했어요."

이는 현재 생활의 편의보다 앞으로의 생활을 위해 더 필요한 일이다. 60대 중반에 이르니, 50대와 비교해 체력이 현저히 떨어졌다고 느낀다. 무얼 하더라도 시간이 오래 걸리고 기력이나 집중력도 예전 같지 않다.

"이러다 70세가 되면 변하는 게 더 힘들것 같다는 생각이 들었어요. 변화에 익숙해지기도 어렵겠지요."

그렇게 생각한 결과, 지금이 자신의 인생에 어떤 변화를 주기에 적당한 때라는 결론에 이르렀다. 마침 작년 한 해 일을 쉬면서 여유로운 시간을 손에 넣게 되었다.

종이 필터 하나에서 시작된 살림 도구의 변화

집중적인 재점검이 필요한 공간은 역시 삶의 기반이 되는 부엌이다. 우선 사용 빈도가 상당히 높은 커피 관련 도구들을 재점검하기로 했다. 이시구로는 소문난 커피 마니아다. 아침, 점심, 저녁으로 커피를 마시며 이를 생활의 리듬으로 삼고 있다.

"커피는 핸드 드립으로 내리는데, 종이 필터를 금속 필터로 과감하게 바꿨습니다. 종이 필터는 특정 제품으로 정해두었기 때문에 어디에서나 살 수 있는 물건이 아니었어요. 그러면 일부러 사러 가야 하니까 그만 깜박 잊어버려서 재고가 떨어지는 사태가 발생하기도 했습니다."

앞으로는 되도록 재고를 쌓아두고 싶지 않다고 한다. 금속제 필터라면 반복해서 사용할 수 있으므로 경제적이고, 종이 필터를 채우고 버리는 번거로운 과정도 생략할 수 있다. 커피 맛도 걱정과 달리 꽤 좋아서 마음속 스위치가 반짝 켜진 듯했다고.

"지금까지 당연하다는 듯이 사용하고 있던 도구나 생활 방식도 재점검할 필요가 있다고 생각했어요. 이것저것 점검한 결과 훨씬 작업이 수월하게 진행되었습니다. 생활이 안락해졌다는 실감이 들자 다른 것까지 '이건 어떨까? 저건 어때?' 하고 살피게 되었어요. 그러면서 냄비나 유리 제품, 행주 등 다양한 물건을 새롭게 마련했습니다."

시대의 변화와 함께 도구도 업그레이드

"우리는 절약 정신을 존중해온 세대입니다. 아직 깨끗한 것, 사용할 수 있는 것을 버리고 새로운 물건을 사서 바꾸는 것에 저항감을 느끼는 사람들이 많아요. 하지만 시대는 앞으로 나아가고 있고, 도구는 더 현명해지고 다루기 쉽게 변화하고 있습니다. 앞으로의 생활을 편하게 해주는 물건과 만나면 과감히 바꾸는 것도 좋은 방법이라고 생각해요."

손님이 오면 일단 부엌에 서서 '커피라도 마시겠어요?' 하고 기운차게 준비를 한다.
필요한 물건이 최적의 위치에 놓여 있으므로 허실 없는 동선 덕분에 준비도 원활하다.

가지고 있던 물건을 처분하는 것도 60대 중에 해결하기를 권한다. "언젠가 사용할지도 모르니까, 하면서 그냥 놔두기 쉬워요. 하지만 새로운 물건이 훨씬 낫다는 걸 실감하면 예전으로 돌아갈 일이 없지 않겠어요?"

변화하는 자신의 상황에 맞춰 그에 필요한 도구와 방식을 탐구하는 이시구로. '지금 가장 편안한 상태'를 '갱신'하면서 편안함과 풍요로움을 추구한다.

지금의 생활에 맞춰

다시 고른 것

종이 필터는 금속제로

종이 필터를 깔 필요가 없는 금속제 필터를 IKEA에서 구입했다. 작은 구멍에서 커피가 천천히 추출되어 풍미가 스트레이트하게 느껴진다. 스테인리스 받침대는 옛날에 사용하던 융드립용이다. 둘을 조합해서 써보니 딱 맞아 떨어졌다.

얇은 뚝배기, 뚜껑은 유리로

모듬전골용 뚝배기는 지름 20cm 정도의 얇은 것을 골랐다. "부부 두 사람이 먹으려면 이 정도 크기가 딱 좋아요." 유리 뚜껑은 원래 다른 냄비에 사용하던 것. 내부 상태를 확인할 수 있어 끓어 넘칠 걱정이 없다. 휴대용 가스버너 대신 직접 제작한 워머를 사용한다.

오븐 장갑은 흰색에서 빨간색으로

빨간 아크릴제 장갑은 오븐 장갑이다. 예전에 사용하던 흰색 장갑을 눈에 띄는 빨간색 장갑으로 바꾸니 부엌에서 금방 찾을 수 있어서 좋다. 편하게 끼고 벗을 수 있도록 입구의 고무줄을 빼 헐렁헐렁하게 만들었다. 냄비 깔개로도 활약하는 일꾼.

홍차는 찻잎에서 티백으로

맛과 향기를 즐기려면 잎차 쪽이 낫다고 오랫동안 믿어왔다. 하지만 요새 나오는 홍차 티백도 아주 맛이 좋다. 잎차를 우리면 차 거름망도 준비해야 하고 도구도 씻어야 한다. 그런 잡일이 사라지니까 차 마시는 시간도 홀가분해졌다.

유리 제품은 두꺼운 것에서 얇은 것으로

얇은 유리잔은 깨졌을 때 다소 위험해 두꺼운 것을 사용하고 있었다. 하지만 이 '키무라유리점木村硝子店'의 유리잔을 생각해보니 맛이 정확하게 전달되어 좋았다. 유리잔만 바꿨을 뿐인데 이렇게 맛이 달라지다니! 바닥이 얕으니 씻기도 편하다.

부엌 청소용 행주는 마이크로섬유로

리넨, 면 등 지금까지 여러 행주를 사용해보았다. 그중 최고라고 생각하는 것은 마이크로섬유. 빨리 건조되고 기름때가 가볍게 떨어져 나가는 점이 좋다. 지금까지는 세제를 사용했지만 물청소만 해도 된다는 점이 특히 마음에 든다.

행주는 잘라낸 그대로

레스토랑에서 사용하는 토션타월용(접시나 컵을 닦는 용도로 사용하는 행주. -옮긴이)으로 판매되는 면 100% 행주를 그릇 닦는 데 사용한다. 우선 도마에 행주를 얹는다. 전부 반으로 자른 다음 반대쪽 끄트머리도 실을 뽑아 막 잘라낸 모양으로 만든다. 올이 풀리지 않도록 재봉틀로 박음질을 한다. 쉽게 건조되고 위생적이다.

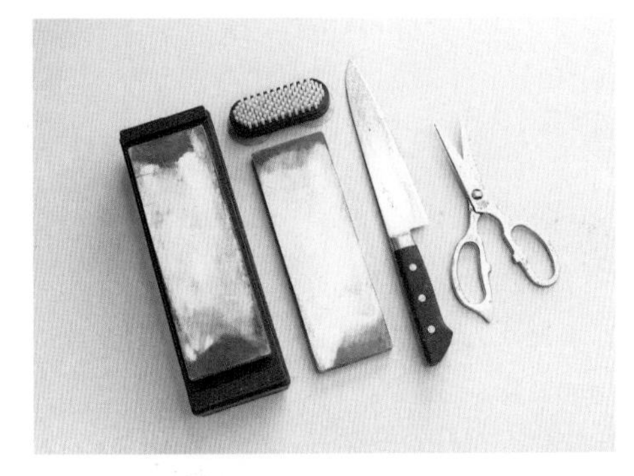

새로 장만한 숫돌은 남편 담당

칼 갈기를 마스터하고 싶어 갓파바시의 주방 도구 전문점까지 찾아갔다. 거기서 초심자도 갈기 쉬운 숫돌을 구했다. 남편이 매우 마음에 들어 하며 칼 갈기에 재미를 느꼈는지 지금은 완전히 남편 담당이 되었다.

가전제품은 단일 기능으로

이시구로의 집에는 손님이 많이 찾아온다. 맛있는 음식을 먹는 모임이라면 친구에게도 기꺼이 부엌을 맡긴다고 한다. 그래서 처음 쓰는 사람이라도 간단하게 사용할 수 있도록 전자레인지나 오븐 등의 가전제품은 기능이 극히 단순한 것을 고른다.

뚝배기 밥솥은 3홉짜리에서 2홉짜리로

부부 두 사람이 생활하게 되면서 밥 짓기용 뚝배기를 2홉짜리로 바꿨다. 가벼워서 씻기도, 정리하기도 편하다. 예전에 사용하던 3홉짜리 뚝배기는 손님이 찾아올 때 사용한다. '카마도명인かまど名人'의 뚝배기는 전자레인지에서도 쓸 수 있으므로 뚝배기째로 밥을 다시 데울 수 있다.

밥과 된장국 없이 치킨으로 차린 저녁 식사다. 요즘에는 부부 두 사람이 마주 보고 앉아 밥을 먹는 대신 벤치 의자에 나란히 앉는 편이 편안하게 이야기를 나누기에 더욱 좋다. 고기 요리에 커피를 곁들이는 것이 그녀의 방식이다.

습관적인 메뉴에서 벗어난 식단

밤에 쌀을 먹으면 무겁게 느껴지기 시작해 저녁 식사에는 밥을 먹지 않게 되었다. 밥을 먹지 않으니 자연스럽게 된장국도 생략하게 되었다.
"짭짤한 된장국이 있으면 달콤한 콩조림처럼 대조적인 맛이 나는 반찬이 먹고 싶어지잖아요. 된장국을 배제하니 염분과 당분 모두 낮출 수 있어 일석이조입니다."
밥과 된장국이 없는 만큼 반찬은 넉넉하게 준비한다. 최근에 자주 만드는 요리는 탄두리 치킨이다. 맛의 비결은 소금으로 밑간을 하지 않는 것이다. 고기의 수분이 가둬져 촉촉하게 완성된다.

손님 대접에도 인기 만점
탄두리 치킨

재료(만들기 쉬운 분량)
닭 날개(※1) 12개
탄두리 치킨용 혼합 향신료(※2) 2큰술 정도
쿠민, 파프리카 가루, 칠리, 코리앤더 등 원하는 향신료 적당량
레몬이나 라임 등 적당량
바질 적당량
소금 적당량

만드는 법
① 닭 날개는 뼈를 따라 칼집을 넣는다.
② 비닐봉지에 ①과 탄두리 치킨용 혼합 향신료를 담고 조물조물 버무려 고기에 향신료가 배게 한다. 취향에 따라 쿠민 등의 스파이스를 더하여 맛을 조절한다. 냉장고에 넣고 1시간에서 반나절 정도 재운다.
③ 프라이팬(가능하면 무쇠 팬으로)을 달궈 ②를 넣는다. 아주 약한 불에서 앞뒤로 뒤집어가며 바삭해질 때까지 1시간 정도 굽는다.
④ 접시에 닭고기를 담고 바질을 뿌린다. 앞접시에 옮긴 다음 각자 원하는 만큼 소금을 뿌리고 레몬 등을 짜서 양념해 먹는다.

※1 닭고기는 허벅지살이나 가슴살, 날개 등 원하는 부위를 사용해도 좋다.
※2 대형 마트나 슈퍼마켓에서 구입할 수 있다.

편리함을 우선으로,
현미에서 배아미로 밥 짓기

이시구로는 오랫동안 현미를 먹어왔지만, 최근 들어서 배아 부분만 남겨 놓고 도정한 배아미로 바꿨다.

"압력솥으로 현미밥을 지었는데, 압력솥은 무겁고 자리도 많이 차지하는데다 정리하기도 어려웠어요. 그래서 배아미로 바꿔보았지요. 완전히 도정한 백미보다 영양가가 높고 뚝배기로도 편하게 밥을 지을 수 있어요. 매일 하는 밥 짓기가 정말 편해졌지요. 그래도 맛은 현미밥을 선호하니까 카레를 먹을 때는 현미를, 생선 요리와 함께 먹을 때는 배아미를 먹습니다."

물려받은 식기를
아끼지 않고 사용한다

선반에 보관해두었던 '로얄 코펜하겐' 잔을 꺼낸다.
부담 없이 사용하면 티타임이 즐거워진다.

60대부터는 나 자신이 주인공.
식탁을 준비하는 수고를 아끼지 않는다

생활을 더욱 편안하고 쾌적하게 만들기 위해 일상의 탐구를 멈추지 않는다. 단순히 생활 도구뿐만 아니라 생활 방식도 변화를 추구한다. 오늘보다 나은 내일을 위해서.

"시어머니를 간병하던 남편이 밥 차리는 것도 담당했었어요. 그때 어머니께 배운 요리를 잊지 않으려고 지금까지 계속 요리를 하고 있답니다." 요리와 장보기는 연결되어 있기 마련이라 자연스럽게 매일 장 보는 것도 남편이 맡게 되었다.

"남편은 70세가 되면서 직장이 안정되었어요. 반대로 저는 60대 이후부터 집필이나 제품 개발 등의 제안이 늘어나면서 더 바빠졌고요."

주부라는 이유로 모든 집안일을 끌어안고 있으면 정작 자신의 일은 제대로 해내지 못한다. 누구든 여유가 있는 사람이 몸을 더 움직이는 게 합리적이라는 이시구로. 적절한 가사 분담은 체력과 에너지가 떨어지는 노년의 생활에 꼭 필요하다.

작은 수고가 축적되면 삶이 다채로워진다

마지막으로 이시구로는 동세대와 앞으로 같은 세대가 될 사람들에게 다음과 같은 말을 전하고 싶다고 한다.

"60대는 자녀의 독립, 은퇴 등 삶이 일단락되는 시기입니다. 그동안 가족들을 위해 시간과 에너지를 양보해왔다면 이제부터는 자신을 위한 시간을 더 확보할 수 있도록 노력하면 좋겠어요. 삶의 작은 부분이라도 나 자신을 행복하게 만들 수 있는 일이 무엇인지 적극적으로 찾는 자세가 필요합니다. 우선 저는 아끼느라 보관만 하고 잘 쓰지 않던 고가의 식기들을 평소에 사용하기 시작했어요."

아침 식사를 할 때도 마찬가지다. 식탁에 개인용 매트를 한 장씩 깔기만 하면 각자의 위치가 정해지면서 훨씬 정돈된 느낌이 난다. 호텔 아침 식사와 비슷한 분위기가 되도록 포크와 나이프는 수저 받침대에 얹는다. 삶은 달걀은 에그 컵에 쏙 담아 숟가락을 곁들인다.

예전에는 식탁 주변에 티슈 상자를 두었지만, 종이 냅킨을 스탠드에 담아두었다. 매일 아침 정원이나 베란다에 피어난 제철 꽃을 식탁 위에 올려두면 화사한 분위기를 연출할 수 있고, 양초까지 피우면 기분이 한결 편안하다. 이런저런 의무를 내려놓게 된 지금, 생활의 주인공은 자기 자신이 된다. 일상 속에서 내가 행복하게 느끼는 것들을 늘리고 매일 활기차게 생활하면 앞으로의 인생도 틀림없이 사랑스러워질 것이다.

개인용 매트와 수저 받침대를 세팅한다

삶은 달걀은 에그 컵에

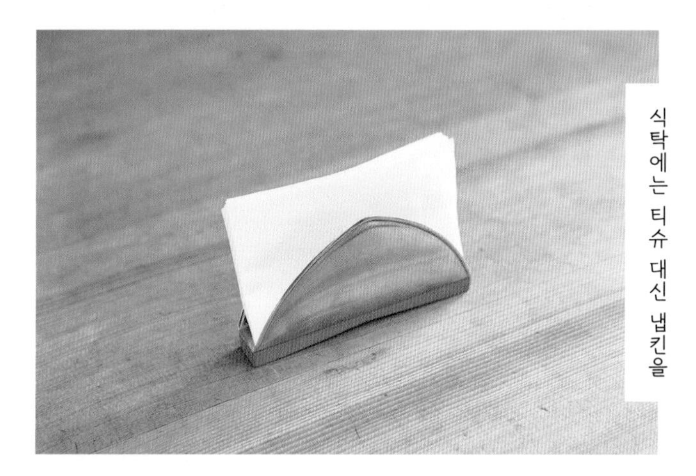

식탁에는 티슈 대신 냅킨을

위: 포크 하나를 쓸 때도 수저 받침대를 사용하면 기분이 들뜬다.

가운데: 달걀이 서 있는 모습 덕분에 아침 식사 풍경이 특별해진다.

아래: 손과 입을 닦을 때는 냅킨 쪽이 깔끔하다.

삶을 지탱하는 부엌

과감하게 변신한 주방 벽

와키 마사요(요리 연구가)

요리 교실을 진행하는 키친 스튜디오는 오븐이나 인덕션 레인지를 빌트인으로 설치하여 깔끔한 모습이다. 강렬한 붉은색이 인상적인 주방 벽면은 영상 관련 일을 하는 남편의 작품. "'요리사에게 주방은 무대와 같으니 배경이 중요하다'며 사람과 요리, 조리 도구가 멋지게 부각되도록 붉은색을 골라주었어요."

소박하게 개조한 창고

다카하시 미도리(스타일리스트)

눈에 보여도 좋을 것과 수납하는 편이 나은 것을 구분하여 정리한 오픈 주방. 한쪽 벽에는 남편이 직접 만든 오픈형 선반을 배치해서 그릇이나 유리 제품을 깔끔하게 수납한다. 싱크대 위의 작은 흰색 벽장에는 자주 사용하는 양념류가 가득하다. 사용하기 편리하도록 고민을 거듭하여 차근차근 완성한 주방의 모습이다.

수납과 정리 노하우가 곳곳에

이시구로 토모코(수필가)

흰색과 스테인리스로 통일하여 깔끔한 인상을 주는 주방이다. 10cm 크기의 네모 타일은 그릇과 재료 등의 대략적인 길이를 측정할 수 있어 편리하다. 줄눈은 지저분한 얼룩이 눈에 띄지 않도록 회색으로 정했다. 오픈형 찬장은 얕은 깊이가 되도록 주문 제작했다. 그릇을 일렬로 나란히 정리하면 요리하는 중에도 한 손으로 가볍게 꺼낼 수 있다.

서랍 속의 커트러리는 꺼내기 쉽도록 가족 인원수에 맞춰 정리한다.
옻칠한 국그릇은 같은 모양에 크기가 다른 것을 주문했다.

다 먹은 완두의 어린싹과 줄기는 컵에 물을 넣고 뿌리 부분을 담가 재배한다.
아보카도 씨도 물에 담가두면 잘 성장한다.
물속에서 성장하는 식물을 지켜보는 것도 일상의 작은 즐거움이 된다.

직접 개발한 흰색 카메노코 스폰지는 집게에 끼워 매달아둔다.
“비스듬하게 달아놓으면 물이 잘 빠져서 건조가 잘 돼요.”
세제는 스테인리스제의 액체 비누 용기를 벽에 붙여서 사용한다.
한 번 꾹 눌렀을 때 나오는 양이 적은 제품을 인터넷으로 찾아냈다.

칼은 같은 시리즈로 크기가 다른 것을 3개 모았다.
남편이 일주일에 1회 숫돌로 갈기 때문에 언제나 자르는 맛이 훌륭하이다.
분해할 수 있는 주방 가위도 정기적으로 간다.

나무 주걱이나 국자 등 조리 중에 빨리 꺼내야 하는 도구는 스테인리스제 스탠드에 걸어둔다.
도구는 종류별로 1개씩만 구비한다.

튼튼하고 깔끔하게 기능을 우선한 주방

에다모토 나호미(요리 연구가)

50년이 넘은 옛날 아파트를 리모델링했다. 스테인리스 문에 화강암 테이블 상판을 결합했다. 회색 바닥은 슬레이트 석재로 골랐다. 모두 튼튼하면서 위생적이다. 더러워지면 쓱쓱 씻어내 깔끔한 상태를 유지한다. 주로 쓰는 가스레인지 외에 인덕션 레인지가 있다. 인덕션 레인지에는 찻물용 물을 끓인다든가 하는 식으로 용도에 따라 구분해서 사용한다.

쇼와의
분위기가 맴도는
복고풍 주방

이시카와 히로코 ('파머즈 테이블' 주인)

40년 이상 전에 지은 아파트 주방을 거의 당시 그대로 사용한다. 벽에 달린 찬장은 하단 문을 떼어내 오픈형 식기장으로 활용하고 있다. 상단에는 큰 접시나 찬합 등 사용 빈도가 낮은 물건을 보관한다. 바로 옆에 다이닝 테이블을 두어 요리가 완성되면 바로 식탁에 차릴 수 있어 동선이 매끄럽다.

내게 맞는 익숙한 요리
단골 메뉴 외의 음식은 거의 만들지 않는다

'파머스 테이블' 주인

이시카와 히로코

광고 디자이너를 거쳐서 1985년 그릇이나 직물 등을 취급하는 생활 잡화 가게를 열었다.

'이 음식은 어디에 담아야 가장 맛있어 보일까' 고민하며 그릇을 고르는 것도 매일의 즐거움 중 하나. 이시카와가 경영하는 가게 '파머스 테이블'에서는 실제로 본인이 집에서 사용하며 정말로 좋다고 생각하는 물건만 취급한다.

이날의 저녁 반찬은 꽁치 소금구이, 호박 조림, 톳 마리네, 파와 자차이 무침, 샐러드. 물고기 무늬의 접시는 남편이 아시아 여행에서 가져온 기념품이다. "손이 빠르지 않다는 걸 스스로도 잘 알고 있어서 오히려 느긋하게 만듭니다."

본인의 입맛에 익숙한 요리는 손이 알아서 움직여요

'파머스 테이블'은 1985년 도쿄 오모테산도의 도쥰카이同潤会 아오야마 아파트 한쪽에서 태어났다. 쓰쿠바 엑스포가 열리던 시절로, 작가들이 만든 수제 그릇이나 리넨 행주도 드물고 지금처럼 라이프스타일에 대한 관심이 높지도 않았다. 이시카와는 본인이 생활하면서 접한 것 중 좋다고 생각되는 생활 잡화를 취급하는 가게를 열었다. 지난 30년간 본인 삶의 분신이라고도 말할 수 있는 상점을 꾸준하게 꾸려 나가면서 질 좋은 물건이 가져다주는 풍요로운 생활을 제안하고 있다.

그런 이시카와도 지난해 환갑을 맞이했다. 인생의 한 구획을 넘어가는 시점이라고도 말할 수 있는 지금, 식사나 일상생활을 영위하는 부분에서 바뀐 점이 있는지 묻자 '그게 말이죠, 아무것도 변하지 않았어요' 하고 맥 빠질 정도로 단순한 대답이 돌아온다. '더없이 평범해!' 하면서 웃는다. 59세에서 60세로 그저 한 살 더 먹었을 뿐, 어제와 같은 삶을 담담하게 살아간다.

"굳이 꼽자면 편해졌다고 할 수 있으려나."

'오래되고 매력적인 집'을 찾다가 만나게 된 아파트에서 30년 이상 거주하고 있다. 쉬는 날은 애견과 함께 양지바른 소파에 앉아서 느긋하게 차를 마시는 일이 많다.

피곤한 날은 스트레스받지 말고 외식하는 것도 방법

딸의 독립을 계기로 다시 부부 두 사람이 남게 되었다. 아이가 태어나기 전과 마찬가지로 시간을 융통성 있게 쓰는 자유로운 생활이 된 것이다. 저녁 7시에 가게를 닫은 후 남편과 만나 외식을 하는 일이 부쩍 늘었다.

"남편이 술을 마시지 않고, 나도 굳이 마시려고 하지 않으니까 그냥 척척 밥을 먹을 뿐이에요. 메밀국수 가게나 중국집 등 익숙한 식당

식탁에서 보이는 방의 풍경. 포스터나 사진, 기념품 등 많은 추억이 곳곳에 장식된 즐거운 갤러리다.

을 차례차례 번갈아 방문합니다."

외식하지 않는 날도 저녁을 준비하기가 조금 귀찮으면 백화점 지하상가에서 반찬거리를 구입해 귀가한다. '바쁘면 무리해서 억지로 밥을 차리지 않아도 된다'는 남편의 느긋한 성격 덕분에 이시카와네 식탁은 주방에서 조금 떨어진 곳에 둥둥 떠 있는 느낌이다.

"남편이 '밥은 집에서 먹고 싶어' 라든가 '반찬은 몇 가지 이상이 되어야 해'라는 식으로 이것저것 요구하는 사람이 아니에요. 집에서 만드는 요리도 내가 먹고 싶은 것뿐이지요. 아주 자유롭게 살고 있어요."

그런 이시카와가 만드는 반찬은 극히 고전적인 쇼와 시대(1926~1989년까지)의 가정 요리다.

"딸이 있던 무렵에는 레시피를 보면서 아이가 좋아할 것 같은 요리를 열심히 만들었어요."

하지만 이제 그런 요리가 식탁에 오르는 일은 없다.

"부엌에서 열심히 일하는 데 점점 지쳐버린 걸지도 몰라요. 반찬을 자유롭게 만들 수 있게 된 지금은 그저 나에게 익숙한 요리만 만들고 있어요. 그런 음식이라면 완벽하게 터득하고 있으니까 레시피를 보거나 큰술, 작은술 계량하지 않아도 되지요. 아주 편안하게 만들고 있어요."

한때 어머니가 자신에게 만들어주었던 요리와 비슷한 음식을 만드는 것 같다는 이시카와.

"특별한 건 아니고, 당시 어느 가정에서도 만들어 먹던 극히 평범한 일식이었어요. 매일 된장국을 만들기 위해 정성스럽게 국물을 내고, 계절을 알리는 채소 요리를 차례차례 차리고, 특별한 날이면 그에 걸맞은 잔칫상을 준비하고… 그런 옛날 식사가 내 기반을 이루고 있었다는 사실을 최근에 실감하고 있어요."

어머니가 본인과 가족을 위해 매일 차려준 음식의 맛은 이시카와의 혀에 또렷하게 남아 있다. 60세가 된 지금은 솔직하고 얼버무리는 일 없는 그 맛이 제일 좋다.

구색을 갖추는 일에 얽매이지 않는 자유로운 식탁

이시카와의 요리는 특별한 양념이나 재료를 일부러 준비하지 않는다. 설탕, 소금, 식초, 간장, 된장 등 기본이 되는 양념에서 벗어나는 일도 없다. 냉장고에 있는 재료를 조리거나 볶으면서 언제나 사용하는 양념으로 재빠르게 맛을 낸다.

"새로운 양념을 사용해 익숙한 음식에 변화를 주는 것도 좋지만, 막상 쉽게 도전하기가 어려우니까요."

모처럼 구입하고도 몇 번밖에 사용하지 못한 채로 유통기한이 지나버리는 일이 많아서, 사지 않는 편이 낫겠다고 결정했다.

"맛있는 음식은 정말 좋아하지만, 인터넷으로 뭔가를 사는 일은 거의 없어요. 여행지나 친구가 말해준 정보 등으로 우연히 접한 물건을 '아, 이거 딱이네!' 하고 느끼게 되는 쪽이 좋아요. 그렇다고 따라서 만들어보는 일도 거의 없네요."

'이게 없으면 만들 수 없다', '이걸 계속 먹으면 건강해진다'라는 식으로 규칙에 묶이는 것도 조금 거북하다. 자신이 좋아하는 것을 자유롭고 너그럽게 즐긴다. 그것이 이시카와가 도달한 지금의 식탁이다.

사람을 불러 모아 요리를 대접할 일이 줄면서 큰 접시는 잘 사용하지 않게 되었다.
주로 작은 그릇이나 접시를 사용한다.

아침 식사는 남편 담당

"일거리를 집까지 가지고 오지 않는 제가 작년에는 늦게까지 컴퓨터 앞에서 떨어지지 못했던 적이 있어요. 그걸 보다 못한 남편이 아침 식사를 차려줬지요. 그 이후로 아침 식사는 남편이 맡고 있습니다."
시간에 여유가 생긴 만큼 강아지와의 산책도 예전보다 느긋하게 즐긴다. 돌아오고 나면 밥이 준비되어 있다. 메뉴는 생선구이와 쌀겨절임(쌀겨를 이용해서 만든 절임 반죽에 각종 식재료를 넣어서 절여 먹는 발효 음식. -옮긴이), 낫토 등 전통적인 아침 정식이다.
"누군가 차려준 밥을 고마운 마음으로 먹는 건 정말 좋은 일이에요. 그리고 아침 시간을 느긋하게 보내면 그날 하루도 기분이 좋아요."

남편도 주방을 사용하게 되면서 조리 도구에도 변화가 생겼다.
"예를 들자면 프라이팬 같은 경우 저는 무쇠 팬을 좋아하지만, 남편은 가볍고 다루기 좋은 테프론 코팅 프라이팬을 쓰는 걸 선호해요. 사용하기 편한 게 최우선이지요. 하지만 저는 사용하기 까다롭더라도 좋아하는 도구를 쓰는 편이에요. 그래서 남편이 주방 도구를 쓰기 편한 쪽으로 다시 점검해보자고 제안했어요."
직업상 다양한 가재도구를 부엌에 늘어놓고 살았지만, 생활이 변하면서 사용하는 도구도 단순해졌다. 뚜껑 달린 편수 냄비나 프라이팬, 집게, 주걱 등 각각의 도구를 엄선해서 꺼내기 쉬운 위치에 둔다.

도구는 소수정예, 엄선한 것만 돌아가면서 사용

새로 생긴 식탁의 규칙

현미와 백미를 번갈아 먹는다

현미를 즐기는 이시카와와 백미를 좋아하는 남편 모두가 식사를 즐길 수 있도록 교대로 밥을 짓고 있다. "딸이 함께 있던 무렵 남편과 딸은 갓 지은 백미 밥을, 저는 냉동한 현미밥을 전자레인지에 데워서 먹고 있었어요. 현미는 밥을 짓기까지 시간이 걸리니까 한 번에 지어서 보관했거든요. 그런데 백비밥은 매번 갓 지은 걸 먹는 게 괜히 억울하더라고요. 그래서 돌아가면서 밥 짓는 걸로 바꾸었어요."(웃음)

커피에서 차로

식후에는 차를 휴식 삼아 마시고, 주말엔 온종일 식탁 위에 올려두고 즐긴다. "예전에는 커피를 자주 마셨는데 요즘 들어 조금 무겁게 느껴지더라고요. 진한 차를 마시면 머리도 입안도 깔끔해집니다."

매일 아침 아마자케와 두유를 섞어서

아마자케(쌀에 누룩과 물 등을 섞어서 발효하여 달콤하게 먹는 일본식 발효 음료. -옮긴이)를 아침 식사 후에 꿀꺽꿀꺽 마시면 하루의 영양이 충전된 기분이다. 오랫동안 먹고 있는 제품은 '마루쿠라 식품'의 '현미아마자케'다. 상당히 진해서 동량의 두유를 섞어 마신다.

검은콩 초절임을 하루 7알

볶은 검은콩에 식초를 듬뿍 부어 1주일 정도 재운 것을 아침 식사 후에 먹는다. "고혈압이나 당뇨 예방에 도움이 된다고 해요. 건강에 특별히 신경 쓰지 않는 우리가 챙기는 유일한 건강 습관이지요."

초절임은 식사마다 반드시

신맛을 좋아하는 이시카와의 식탁에는 필수적으로 초절임이 오른다. 종류는 한정적이지만, '새로운 일상 요리 후지와라' 식당에서 배워 최근에 추가된 메뉴가 톳 마리네다. 물에 불린 톳을 대충 큼직큼직하게 썰어서 식초, 간장, 올리브 오일을 1:1:1의 비율로 맞춘 절임액에 재우면 끝. "양념 재료가 모두 동량이니까 기억하기 쉬워요. 버섯을 더하는 등의 변형을 해가면서 지금은 완전히 우리 집 단골 메뉴가 되었지요."

단것은 부부가 반씩 나눠서

50대가 되자 '신진대사가 완전히 떨어졌다'는 실감이 나서 밤에는 탄수화물 섭취를 줄이고 있다. 식후에 단것을 차릴 때도 부부가 하나를 반씩 나눠서 먹는다. "조금 더 먹고 싶을 때 멈추는 게 좋아요."

단순한 요리를 돋보이게 하는 그릇

주방 살림과 그릇을 좋아하는 그녀가 직접 사용해보고 정말로 좋다고 생각한 물건을 소개하고 싶다는 마음으로 시작한 가게가 '파머즈 테이블'이다. 그런 마음은 지금도 변함이 없고, 그릇을 좋아하는 성격도 여전하다.

"이 그릇에 오히타시(채소를 데친 다음 간장 등으로 양념한 국물에 담가 재우는 반찬. -옮긴이)를 담으면 맛있어 보일 것 같다는 식으로, 담아낼 요리를 상상할 수 있는 그릇이 좋아요. 식탁에 놓았을 때의 모습을 떠올릴 수 있는 그런 그릇이요."

만드는 요리가 점점 꾸밈없이 단순해지는 지금은 그릇의 도움을 받는 일이 많다. 그럴 때면 그릇의 힘을 실감하게 된다.

① 나이가 들수록 그릇을 예전만큼 사지 않게 되었다. 그러다가 최근 큰 감명을 받고 산 그릇 2점. 앞쪽 그릇은 도예가 카와이 카즈미의 작품으로 무늬는 주얼리 작가 카와이 아리사의 솜씨다. 뒤쪽 그릇은 오래된 무늬가 있는 아이용 밥그릇. 식탁에 새로운 분위기를 불어넣는다.

② 다이닝 테이블 뒤에 있는 식기장에는 차 관련 도구를 수납한다.

③ 가게 오픈 당시부터 취급하고 있는 '케멕스'의 커피 메이커는 이시카와 덕분에 세상에 알려졌다고 해도 과언이 아니다.

④ 사진 위는 요리에 사용하는 월계수 잎과 고추를 담아놓은 유리병. 아래는 벼룩시장에서 찾아낸 도장 그릇이다. 선명한 파란색과 느낌 있는 무늬로 식탁에 포인트를 준다.

⑤ 30년간 매일 사용하고 있는 아라카와 나오야의 유리잔과 바바라 아이건의 머그잔.

골동품 스템 글라스는 결혼 초기에 산 추억의 물건이다. 컷팅이 아름답거나 독특한 모양에 끌려 조금씩 모으고 있다. 식기장은 간소해졌지만, 특별한 추억이 담긴 그릇을 진열하는 장소만큼은 제대로 남겨두고 싶다.

몸도 마음도 깔끔하고 산뜻한 채식

고기나 생선 없이도
즐거운 식사를 즐길 수 있다

'iori' 운영

소노베 아케미 • 나카조노 사쓰키

아케미와 사쓰키 자매가 가나가와 현의 치가사키에서 '쇼진 요리 교실'을 운영하고 있다.

고기와 부추를 일절 배제한 쇼진 만두. 속에 넣은 재료는 양배추와 표고버섯이다. 소금에 절인 자차이와 다시마 국물을 조금씩 더해 감칠맛을 냈다. 전혀 아쉽지 않은 만두다운 맛이 난다.

키마풍 커리는 견과류와 쿠민, 코리앤더를 섞은 듀카라는 향신료를 사용하는 것이 포인트.

밀기울 불고기. 밀기울은 대체육에 속하는 식재료로 쇼진 요리에 요긴하게 쓰인다.

'iori'의 두 사람이 요리 교실을 운영하는 나가사키의 임대 공간 및 농장 'RIVENDEL'의 밭. 오른쪽이 언니 아케미, 왼쪽이 동생 사쓰키다. 함께 쇼진 요리 생활을 시작한 지도 20년이 넘었다.

우리가 만드는 쇼진 요리는 아주 평범한 가정 요리입니다

미소 라멘과 김치, 디저트로는 레어치즈케이크. 'iori'가 주재하는 '쇼진 요리 교실'에서 어느 날 내놓은 식단이다. 조금 의외다. 쇼진 요리라고 하면 채소 조림이나 오히타시 등 기름을 쓰는 일이 적은 심심한 요리를 상상하기 때문이다.

"그건 절에서 먹는 종류의 음식이네요. 우리는 일상 속에서 무리 없이 이어갈 수 있는 쇼진 요리를 염두에 두고 있어요. 그래서 여러분이 평범하게 먹는 가정 요리와 동일해야 한다는 점이 중요하지요. 만족감이 들지 않는다면 가족도 기꺼이 먹어주지 않고, 학생을 위한 식단 꾸리기에도 도움이 되지 않으니까요."

그의 설명처럼 '쇼진 요리 교실'에서 내놓은 메뉴는 평범한 식탁에 올라올 법한 그런 음식이었다.

농장에 자생하는 민트를 따서 끓인 민트티를 모임에 낸다. "민트는 한 장을 따면 다음에는 두 장이 자라나는 것 같아요. 행복도 마찬가지지요. 나누면 늘어난다고 생각해요." 사쓰키의 설명이다.

채식으로 바꾸면서, 몸도 마음도 깔끔하고 산뜻하게

소노베 아케미와 나카조노 사쓰키. 'iori'는 쇼진 요리를 알리는 60대 자매 두 사람을 대표하는 이름이다. 쇼진 요리 교실을 매월 10회 정도 개최하고 있다. 처음 요리 교실을 시작한 것은 교실을 '쇼진 생활'을 시작한 지

두 사람이 농장 한 쪽을 빌려서 채소를 키우고 있다.
“채소 위주의 식생활을 하면 ‘제철의 맛’이 또렷하게 느껴져 계절에도 민감해집니다.” 아케미의 설명이다.

10년째가 되었을 때의 일이다. 그 시작은 동생인 사쓰키였다.

“마흔다섯이 되어 육아가 거의 끝나고 인생에 대해 고민하던 시기였어요. 직업은 가지고 있었지만 평생 지속할 만한 것은 아니라는 느낌이 들었지요. 그래서 앞으로 나는 어떻게 나이를 먹어가게 될 것인지 불안해졌어요.”

그런 시기에 쇼진 요리를 가르치는 지인을 떠올리고 연락을 했다.

“쇼진 요리란 수백 년 전부터 수도승의 심신을 뒷받침한 건강한 요리로, 고기나 생선을 피하는 채식이라는 설명을 들었습니다. ‘우리는 신의 창조물입니다. 신이 우리에게 정진(쇼진)하라고 말하고 있어요’라는 말이 묘하게 마음에 남았어요. 그전까지 ‘신’이라는 존재가 있다고 생각해본 적이 없었지만, 있으면 좋을지도 모르겠다고 생각했지요.”

그때부터 지인에게 배워가며 쇼진 요리 생활을 시작했다. 그리고 언니인 아케미에게 연락을 했다.

“나, 앞으로 남은 인생은 쇼진 요리를 하면서 살고 싶은데 언니도 함께하면 어때?”

그간 동생이 제안한 어떤 일보다 혁신적이었다. 놀란 아케미는 생각했다. '이게 꽤 괜찮겠는데?'

"원래 고기나 생선보다 채소를 좋아했어요. 당시에는 지금처럼 쇼진 요리가 알려지지 않았기 때문에 특별한 느낌이 들기도 했어요. 새롭고 세련됐다고 생각했지요."

그날부터 두 사람의 식생활이, 아니 가족 모두의 식사가 완전히 바뀌었다. 고기나 생선을 사용하지 않으므로 국물도 다시마나 표고버섯 등의 식물성 재료로 낸다. 청주나 맛술 등 알코올이 함유된 조미료는 사용하지 않으며 마늘, 파 등 오신채에 속하는 냄새가 강한 채소도 피한다.

"쇼진 요리를 시작해보니 생각보다 쓸 수 없는 제품이 많았어요. 예를 들어 케첩이나 우스터 소스에는 양파가 들어 있고, 화과자에는 동물성 재료가 들어 있는 거에요. 그럼 이건 못 쓰겠구나! 이것도! 처음에는 조금 당황했어요. 하지만 이상하게도 원래의 식생활로 돌아가고 싶지는 않았어요."

모르는 것이 있으면 선생님인 지인의 집에 물어보러 갔다.

"쇼진 요리에 대한 지식이 늘고 할 수 있는 요리가 많아지면서 가슴이 두근두근 뛰었어요. 처음에는 고기와 생선을 먹지 않는 생활이 지금까지와는 상당히 다를 거라고 생각했거든요. 하지만 막상 시작해보니 의외로 벽이 높지 않았어요."

그리고 두 사람은 무엇보다 '고기를 먹지 않아 마음이 아주 편안하다'고 입을 모은다. 그 전에는 동물을 먹는 것에 대해 명확하게 말한 적은 없지만, 어릴 때부터 막연한 저항감을 느끼고 있었다고 한다. 본인의 일상적인 식사가 다른 생명에 기반하고 있음을 자각하고 있었기 때문에 불편한 감정을 품고 있었다. 그러다 쇼진 요리 생활을 시작하면서 그런 감정에서 해방된 것이다.

채식을 하면서 몸이 가볍고 건강해졌다. 마음도 산뜻해졌다. 사쓰키는 이렇게 설명한다. "예전에는 자주 화를 내고 사소한 일에도 잘 분노하는 편이었어요. 하지만 지금은 화를 내봤자 어쩔 수 없다고 생각하게 되었지요. 이렇게 차분하게 누그러질 수 있었던 건 '쇼진 생활' 덕분이에요. 사고방식이 평온해졌다고 느껴요."

고기도 부추도 넣지 않은

쇼진 만두

재료(40개 분량)

만두피 40장

양배추 1/2통

표고버섯 7~8개

소금 절임 자차이 1/4~1/3개 분량

생강 1쪽

시판 과립 다시마 국물 1작은술

소금 적당량

후추 약간

식용유, 참기름 적당량씩

만드는 법

① 양배추를 굵게 다진다(푸드 프로세서를 이용하면 간단하다). 소금을 뿌리고 문질러 부드럽게 만든 다음 행주에 담아 물기를 충분히 짠다.

② 표고버섯, 자차이, 생강을 다져 ①과 함께 섞은 다음 다시마 국물과 후추를 더하여 섞는다.

③ 만두피에 ②를 얹고 여며서 만두를 빚는다. 프라이팬에 식용유를 두르고 만두를 얹어 중강 불에 굽는다. 팬 가장자리에 참기름을 두른 다음 접시에 담는다.

표고버섯과 자차이가 깊은 맛을 내 '만두다운 맛'에 가까워진다.

만두피는 시판 제품 중 주정(에틸알코올)이 들어가지 않은 것을 골라 사용한다.

쇼진 요리란?

고기나 생선을 사용하지 않으며 제철 식재료를 살리는 요리. 6세기경 중국에서 일본으로 불교와 함께 전해졌으며 수도승을 위한 식사였다고 한다. 살생을 피하고 자비를 중요하게 여기는 불교의 가르침을 나타내는 요리다. 육류와 어패류, 오신채(파, 부추, 마늘, 골파, 염교. ※정확한 목록은 학설에 따라 갈린다), 주류를 사용하지 않고 채소, 콩류, 곡류, 해조류 등 자연으로부터 얻은 은혜로운 식재료를 소중하게 다룬다. '오미 오색'으로 대접을 한다는 쇼진 요리의 관습은 'iori'의 두 사람도 중요하게 여기고 있는 것이다. 쓴맛과 단맛, 매운맛, 신맛, 짠맛의 오미와 흰색, 붉은색, 노란색, 검은색, 푸른색의 오색을 균형 있게 배치해서 눈과 입으로 동시에 즐기는 식탁을 염두에 두고 있다.

아삭하게 씹히는 우엉이 매력인

키마 풍 카레

재료(10그릇 분량)

콩고기(다진 고기 타입) 30g

A | **곤약** 1장
  | **우엉** 50g
  | **만가닥버섯** 1팩

토마토 캔(깍둑 썬 것) 1캔

카레 향신료 10g

코코넛 밀크 1캔

식용유 3큰술

소금 약 10g

밥 적당량

어린잎 채소 적당량

듀카(견과류나 참깨, 쿠민 등을 섞은 중동의 혼합 향신료) 적당량

만드는 법

① A를 곱게 다진다(푸드 프로세서를 사용하면 간단하다).

② 식용유를 두른 프라이팬을 중간 불에 올리고 카레 향신료를 더해 타지 않도록 주의하면서 향기가 날 때까지 볶는다.

③ ②를 넣어 골고루 볶은 다음 콩고기와 토마토 캔의 내용물을 더해 마저 볶는다.

④ 전체적으로 뭉근하게 익으면 소금과 코코넛 밀크를 더해 간을 맞춘다. 그릇에 밥과 함께 담고 주변에 어린잎채소를 뿌린다. 취향에 따라 듀카를 뿌린다.

밥이 술술 넘어가는

밀기울 불고기

재료(3~4인분)

밀기울 고기 6개

A | **간장** 3큰술
  | **사탕무 설탕** 3큰술
  | **녹말가루** 2작은술
  | **물** 3큰술

참기름 1~2작은술

피망 4개

실고추 적당량

만드는 법

① 밀고기를 물에 불려 반으로 자른 다음 양손으로 꼭 짜서 물기를 제거한다. 피망은 세로로 반 자른 다음 씨를 제거한다.

② A를 냄비에 넣고 골고루 잘 섞어 중간 불에 올린다. 부글부글 끓으면서 걸쭉해지면 불을 끄고 참기름을 두른다.

③ ①를 식용유(분량 외)에 튀긴 다음 ②의 소스와 함께 버무려 그릇에 담는다.

④ 피망을 튀김옷을 입히지 않은 채로 튀겨 곁들인 다음 실고추로 장식한다.

국 하나, 반찬 3가지로 차린 저녁 식사. 반찬은 고구마와 호박이 들어간 채소 튀김, 두부 튀김과 곤약 조림, 두부다. "딸 내외에게 차려줄 때는 여기에 잎새버섯 튀김을 더해서 푸짐한 느낌을 더합니다."

언니 아케미 가족의 식탁

한창 일할 나이인 딸 내외와 우리 부부가 함께 즐기는 쇼진 요리

아케미는 함께 사는 딸 내외의 식탁까지 도맡고 있다. 다섯 살배기 손녀도 함께 쇼진 요리를 먹는다. 젊은 사람이 질리지 않도록 튀기거나 매콤달콤하게 조리는 등 조리법을 연구한다. 평범한 가정과 그리 다르지 않은 메뉴를 쇼진 요리로 차려낸다.

“메뉴는 기본적으로 같아요. 그래도 젊은 사람에게는 뭔가 부족하게 느껴질 수도 있을 것 같아서 다른 반찬을 추가하거나 조리 방식에 조금씩 변화를 주고 있습니다. 예를 들어 저와 남편은 두부와 아사즈케(절임액에 가볍게 절여서 아삭하게 먹는 반찬. -옮긴이) 정도로 가볍게 식사를 마무리하는 날도 딸 부부에게는 가지 아게비타시揚げ浸し(식재료를 튀긴 다음 양념 국물에 담가 먹는 반찬. -옮긴이)를 추가하지요.”

아케미의 식단 일기

만족스러운 콩고기 가스

돈가스용 평평한 콩고기를 물에 불려 튀김옷을 입혀 튀기면 돈가스와 같은 맛이 난다. 표고버섯 다쓰타아게竜田揚げ(식재료를 간장 등으로 양념한 다음 녹말을 묻혀 튀긴 음식. -옮긴이), 감자튀김, 양배추 샐러드를 곁들인다.

아침 식사의 단골 메뉴, 토스트

"빵을 구울 때는 버터도 괜찮지만 최근에는 올리브 오일을 두르는 쪽이 더 마음에 들어요." 땅콩 크림을 발라 부드러운 맛을 더하고 듀카를 한 자밤 뿌린다.

저녁은 팔보채

튀긴 두부를 넣은 팔보채, 달콤한 고구마 조림, 냉두부, 된장국, 그리고 밥. "두부 튀김은 식감이 두툼해 반찬을 푸짐하게 만들어줍니다."

배가 출출할 때 먹는 라면

미소 라면에 김치. 차슈 대신 튀김옷 없이 튀긴 밀고기에 매콤달콤한 양념을 묻혀 얹는다. "국물은 참기름과 다진 생강을 넣는 것이 포인트입니다."

가라아게가 주인공인 저녁밥

닭고기 가라아게와 맛이나 질감에서 뒤지지 않는 콩고기 가라아게. 미역과 달걀을 푼 국, 무순과 양배추 샐러드, 달콤한 고구마 조림을 곁들인다.

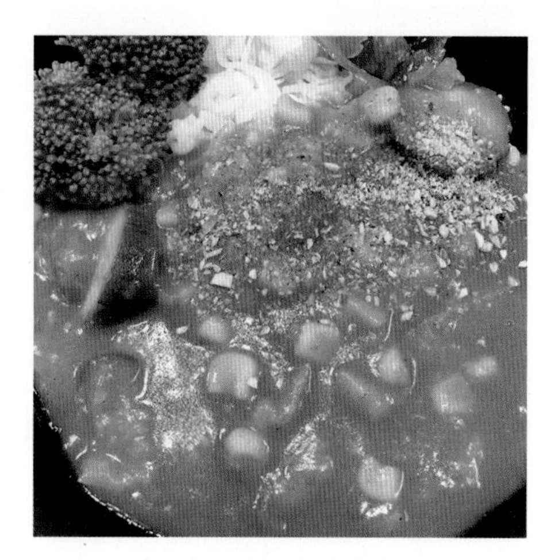

가지가 주인공인 카레라이스

가족에게 인기인 카레. 양파나 마늘 등을 사용하지 않은 쇼진 요리용 카레 루를 사용하여 만든다. 수제 양배추 초절임과 무 초절임을 곁들인다.

여유로운 밤에는 춘권

춘권, 순무 잎과 표고버섯 오히타시, 냉두부에 보리밥. 춘권에는 곱게 채 썰어 볶은 배추와 당근, 표고버섯, 죽순을 넣었다.

라타투이 런치

치즈를 듬뿍 녹여 만든 라타투이를 주요리로 차린 점심 식탁. 경수채와 와사비잎 샐러드, 버터롤, 커피 한천 젤리를 곁들인다.

샌드위치 도시락

달걀과 오이, 브로콜리 샌드위치, 감자 샐러드 샌드위치. "달걀은 무정란이라면 사용할 수 있어요. 빵도 주정이 들어가지 않은 것이라면 괜찮아요."

이날의 메뉴는 콩 수프(포타주)와 당근 샐러드, 효소 현미. 수프는 매일 아침 뚝배기 가득히 만들어 끼니마다 먹는다. 수프 중심의 식단으로 바꾸면서 몸이 가벼워졌다고 한다.

동생 사쓰키의 1인 식탁

한 접시로 만족할 수 있는 메뉴가 기본

"지금은 1인분 메뉴를 차리니까 아침에 수프를 듬뿍 만들어 그걸 기본으로 반찬을 더하거나 효소 현미 등을 섞는 식으로 세 끼를 해결하고 있어요. 채소 가게에서 제철 채소를 이것저것 사 와서 궁합 같은 것은 별로 생각하지 않고 냄비에 던져 넣어 끓입니다. 수프로 만들면 대부분의 채소는 하나로 어우러지면서 맛있어지니까요."

또한 사쓰키는 작년부터 전문 영양사의 지도를 받으면서 다이어트에 도전하고 있다. 채소와 탄수화물, 단백질을 3:2:1의 비율로 구성하도록 식단에 신경을 쓰는 중이다.

사쓰키의 식단 일기

쇼진 테마 모임

쇼진 요리 홈파티에서는 수제 요리로 식탁을 차린다. 케이크 틀에 채워 만든 라이스 케이크, 양배추와 파프리카 샐러드, 호박 수프.

파프리카 쇼진 김치

요리 교실에서도 인기인 김치. 이 날은 배추 대신 파프리카를 사용했다. 사과와 배를 갈아 오이채, 당근채 등과 함께 담근다.

잎채소를 듬뿍 얹은 수프

미소를 가미한 병아리콩 가지 수프에 어린잎채소를 얹은 아침 식사. "생채소를 버무리면서 먹으면 달라지는 질감을 맛볼 수 있어서 좋아요."

따끈따끈 수프 아침 식사

감자 포타주에 삶은 콩을 얹는다. 듀카를 듬뿍 뿌려 마무리한다. 듀카는 최근 들어 애용하는 중동식 향신료다.

쇼진 요리로 진수성찬을

다시마 국물에 주키니, 파프리카, 당근을 섞어 한천으로 굳힌 채소 한천 젤리. 각자 준비한 음식을 가지고 모이는 '포틀럭 파티'를 위해 만든 메뉴다.

효소 현미에 푹 빠지다

현미와 팥, 소금으로 지은 밥을 3일간 보온해 소중하게 키운 효소 현미. "질감이 쫀득해서 소량만 먹어도 상당히 만족감이 들어요. 식어도 맛이 좋지요."

파프리카 수프 점심

빨강, 노랑 파프리카로 만든 수프. "채소에서 좋은 국물이 나오니까 양념은 소금, 후추에 과립 다시마 국물을 아주 조금 가미해서 단순하게 합니다."

친구네 가게의 샐러드

후쿠오카에 여행을 갔을 때 오래된 민가를 개조한 찻집 '우쓰시키 うつしき'에서 이벤트로 먹은 런치에 나온 반찬이다. 토마토와 현미에 타히니 소스를 두르고 녹두를 얹었다.

오이타 사이키의 향토 요리

오이타 휴게소에서 만난 유킨코 스시를 점심으로 먹는다. 초대리로 양념한 밥에 표고버섯 조림과 얇게 저민 무 초절임을 얹어 쇼진 요리 생활에도 제격이다.

특별한 날에는 같은 재료로 손질법만 바꿔서 즐깁니다

'iori'의 두 사람은 쇼진 요리 생활을 시작한 이후 좋은 일만 생겼다고 생각한다. 몸이 가벼워지고 머리가 맑아지며, 계절이나 컨디션 변화를 예민하게 느끼게 되었다. 다만 유일하게 불편을 느끼는 부분이 있다면 가벼운 마음으로 외식을 할 수 없게 된 것이다.

"동창회 같은 모임에 나가는 것도 주저하게 되더라고요. 이건 먹을 수 없어, 저것도 안 돼, 하는 식으로 행동하면 주변 사람들이 나에게 신경을 쓰게 되고 저 자신도 즐길 수 없으니까요."

아케미는 대부분 가지 않거나, 가더라도 음식은 먹지 않는 식으로 이런저런 시도를 해봤다고 한다. 하지만 지금은 가고 싶다는 생각이 들면 간다. 자신의 기분에 솔직해지기로 했다. 쇼진 요리 생활의 테두리 안에서 최대한 적극적으로 삶을 즐기면 된다는 자세다. 최근 들어서는 음식이나 생활에도 다양성이 두드러지고 있는 덕분인지 본인이 자연스러운 태도를 고수하면 주위에서도 쉽게 받아들이는 듯하다. 특히 젊은 지인이 많은 사쓰키는 훨씬 적극적이다.

"젊은 사람들은 비교적 상식이나 관습에 얽매이지 않고 자유로우니까 쇼진 요리도 특별히 낯설게 느끼진 않는 것 같아요. 모임에도 부담 없이 참가할 수 있습니다."

담음새를 화려하게 만들기 위한 채소는
질감을 더하는 포인트가 되기도 한다.

'부족함'에서 비롯되는 새로운 식습관의 즐거움

보통은 뭔가 맛있는 걸 먹고 싶을 때 좋은 고기를 구입하거나 와인을 곁들인다. 그러나 쇼진 요리는 채소 손질에 더 많은 공을 들인다. 채소는 조금만 더 신경 써서 손질해도 식탁에 화려함을 더하는 재료다.

이날 만든 라이스 케이크는 'iori'식 접대 요리의 단골 메뉴. 제대로 양념을 가미한 표고버섯 조림과 달걀볶음, 초대리로 간을 한 밥을 각각 깔끔하게 층을 이루도록 케이크 형태로 차곡차곡 채운 다음 큰 접시에 멋지게 차려낸다. 삶은 채소를 예쁘게 손질해 주변에 장식한다. 즐겁고 맛있는 파티의 시작이다.

고기나 생선을 먹을 수 없다, 술도 마실 수 없다. 이런 식으로 쇼진 요리의 '한계점'만을 지적하는 건 안타까운 일이다. 쇼진 요리가 가진 한계 내에서도 자유롭게 음식을 즐기고자 한다. 이걸 먹을 수 없다면, 저걸 먹으면 되지, 하는 식으로. 아무런 제약 없이 되는 대로 요리를 하는 것보다 오히려 그 한계로 인해 재료를 적극적으로 탐구하게 되었다.

"지금은 생각도 할 수 없는 일이지만 예전에는 요리가 정말 싫었어요. 할 수 있는 메뉴도 적고 요리를 잘하는 남편에게 물어보곤 했을 정도였지요. 그랬던 제가 요리를 가르치고 있다니 신기하네요. 저의 변화만 봐도 사람은 얼마든지 성장할 수 있다고 생각합니다."

건강한 음식의 정수인 채소와 해조류, 발효 음식 중심으로 식생활을 즐기게 된 덕분에 몸 상태가

제대로 졸인 표고버섯을 소보로 모양으로 만든다.
감칠맛이 풍부한 표고버섯은
쇼진 요리에서 중요한 역할을 한다.

매콤달콤하게 조린 표고버섯과 유부, 달걀 볶음, 초대리를 섞은 밥을 층층이 쌓은 라이스 케이크.
모임에 틀째로 가져가 즉석에서 큰 접시에 담아 틀을 제거하면 분위기가 확 살아난다.
가장자리에 삶은 무와 당근, 단호박, 어린잎채소를 장식한 다음 잘라서 나누어 먹는다.

좋아졌다고 한다. 사쓰키는 당당하게 말한다.

"지난해 폭염 때문에 주위 사람들이 점점 지쳐갈 때도 우리 자매는 더위를 모르고 지냈어요!"

곤란할 때는 멈춰서
생각하는 기회로

요리 교실을 시작한 지 12년째. 지난 몇 년간 쉼 없이 책을 내거나 TV 프로그램에 출연하는 등 다양한 활동을 해왔다. 이제는 어깨에 힘주지 않고 쇼진 요리 생활을 조금씩 느긋하게 해나가면 된다고 생각한다.

"필사적으로 일하던 젊은 시절처럼 '척척' 일을 해내던 감각은 쇼진 요리 생활을 시작하던 시점에

졸업했어요. '척척' 일하는 자세를 내려놓으니 훨씬 편해졌지요. 하지만 그 시기를 거쳤으니까 지금이 있다고 생각해요. 60대 후반이 된 지금도 앞으로 어떻게 살아야 할지 고민하고 있어요. 계속 성장하고 싶고, 더 많은 사람에게 쇼진 요리를 전할 수 있다면 기쁘겠어요."

두 사람은 세세한 부분까지 신경 쓰느라 스트레스를 받거나 불평하지 않으려 노력하지만, 힘든 일은 있기 마련이다.

"작년 여름에는 더위 탓도 있어서 그런지 요리 교실에 온 사람들이 적었어요. 하지만 오히려 이런 저런 부분을 생각할 수 있는 좋은 계기가 되었습니다. 지금까지 내 언동은 괜찮았던 것일까 돌아보게 되었어요. 좋은 시기에는 좀처럼 전체적인 상황이나 스스로를 객관적으로 보기 힘드니까요. 나쁜 시기일수록 성장할 수 있는 기회라고 생각합니다."

요리 모임에서 나눠주는 레시피에 일러스트를 넣는 등 'iori'의 비주얼 담당, 아케미.

가벼운 식사의 즐거움

샐러드와 고기, 생선으로 당질 제로의 식단을 유지한다

요리 연구가

와키 마사요

프랑스에서 10년 가까이 요리를 배운 후 핫토리 영양전문학교 국제부디렉터를 역임했다. 이후 요리 교실을 운영하며 텔레비전과 잡지 등에서 활약했다. 요리 경험을 살려 인덕션 레인지용 냄비나 칼 등의 조리 도구 개발에도 종사하고 있다.

당질이 많이 함유된 쌀 섭취량을 줄이고 있다. 반찬과 함께 먹기 좋은 양배추를 곱게 채 썰어 보관한다.

밥에서 두부로 바뀐 카레

의외의 궁합
두부와 카레

재료(3~4인분)

두부 1모
돼지고기 앞다리살(얇게 저민 것) 300g

A | 당근 1/2개
셀러리 1/2개
양파 2개

B | 토마토 1개
마늘 2쪽
생강 1쪽
월계수 잎 1장
소금 1작은술

카레 가루 2~3큰술
카레 루 1~2조각
식용유 1큰술

만드는 법

① A의 당근은 1cm 크기로 깍둑 썰고 셀러리는 곱게 다진다. 양파는 세로로 6등분한 다음 길이를 반으로 자르고 B의 토마토는 껍질을 벗긴 다음 굵게 썬다. 마늘은 세로로 반 잘라 심을 제거한다. 생강은 곱게 다진다.

② 냄비에 식용유를 두르고 중간 불에 올린 다음 돼지고기를 더해 색이 변할 때까지 볶는다. A를 더해 숨이 죽을 때까지 볶는다. 절반 분량의 카레 가루를 더해 채소에 배어들 때까지 볶는다.

③ 재료가 잠길 만큼의 물(분량 외, 약 1리터)에 B를 더해 뚜껑을 덮은 다음 중약불에 올려 15분 정도 익힌다.

④ 불을 끄고 카레 루를 더해 휘저어 녹인다. 다시 한번 불에 올려 10분 정도 익힌 다음 남은 카레 가루를 더해 섞어 한소끔 끓인다.

⑤ 두부는 먹기 좋은 크기로 자른 다음 내열 용기에 담아 전자레인지에 데운다. 접시에 ④의 카레와 두부를 담는다.

면을 포기할 수 없다면 실곤약으로 대체

툭 튀어나온 뱃살이 신경 쓰이기 시작했다는 남편과 함께 당질 제로 식단에 전념하는 중이다.

"식품에 포함된 당질은 체내 에너지에 사용되지 않는 만큼 중성지방으로 축적되는 경향이 있다고 해요. 당질을 줄여서 살이 잘 찌지 않는 신체를 만드는 것이 당질 제로 식단입니다."

당질은 탄수화물에 많이 함유되어 있는 만큼 쌀과 면 종류도 줄이고 있다.

"부부 모두 면을 좋아하는데 면을 아예 안 먹기가 곤란했어요. 이것저것 실험한 끝에 실곤약을 면처럼 먹으면 맛있다는 사실을 알아냈지요. 충분히 볶아 오돌거리는 식감을 내는 것이 포인트입니다."

국수가 먹고 싶은 날에는
명란 크림치즈 실곤약

재료(2인분)

실곤약 1봉(200g)
팽이버섯 1/2팩
매운 명란젓 1/2개(약 50g)
우유 1~2큰술
A | **크림치즈** 40g
 | **소금** 약간
 | **고춧가루** 적당량(명란의 맵기 및 취향에 따라)
소금 약간
식용유 2작은술
실파(곱게 어슷 썬 것) 3큰술

만드는 법

① 실곤약은 주방 가위로 반절 크기로 잘라 프라이팬에 담고 물을 자작자작하게 넣은 후 중간 불에 올린다. 끓은 물에 30초~1분 정도 삶아 체에 밭친다. 프라이팬에 다시 넣고 중강 불에 올린 다음 볶는다.

② 명란은 얇은 껍질을 벗겨내고 뭉친 부분은 우유를 부어 푼다.

③ 팽이버섯은 반 길이로 자른다. 식용유를 두른 프라이팬에 넣고 소금 약간을 더해 숨이 죽을 때까지 중간 불에 볶는다.

④ ①, ②와 A를 더해 전체적으로 어우러질 때까지 볶는다. 그릇에 담고 실파를 뿌린다.

고단백인 삶은 달걀을 간식으로

단백질은 신체의 근원이 되는 영양소다. 많이 섭취하더라도 지방으로 바뀌어 몸에 저장되지 않는다고 한다.

"우리 집에서는 식사할 때 단백질과 채소를 균형 맞춰 먹으려고 노력하고 있습니다. 특히 달걀은 양질 단백질이 풍부하고 필수 영양소가 골고루 함유된 우수한 식품이지요. 미리 조리해서 보관해 둘 수 있으니, 편하게 서서 먹는 국수 가게의 식탁처럼 삶은 달걀을 접시에 잔뜩 쌓아두고(일본의 국수 가게 중에는 손님이 직접 껍데기를 벗겨서 먹을 수 있도록 삶은 달걀을 접시에 담아 식탁에 놔두는 경우가 많다. -옮긴이) 배가 출출하면 간식 대신 집어 먹고 있어요. 하루에 최소 2개 정도는 먹는 거 같아요."

저녁 반주로 맥주나 와인 대신 보드카 소다를

많이 마시지는 않지만, 하루의 피로와 긴장을 풀어주는 정도로 저녁 식사에 반주를 곁들이고 있다. 맥주나 와인에는 어느 정도 당질이 함유되어 있어 선택한 게 보드카다. 탄산수를 반반 섞어 희석해 반주로 즐긴다. '적당히' 먹는 게 중요한 만큼 양도 2잔까지라고 정해두고 있다.

"목 넘김이 깔끔해서 식사에 방해되지 않아요. 조금 향기를 즐기고 싶을 때는 진으로 바꿉니다. 지금은 작은 양조장에서 제조하는 크래프트 진의 종류가 다양해서 재미있어요."

사용할 수 있는 식재료 폭이 좁아지니 오히려 식단 짜기가 편해요

매일 먹는 식단의 구성은 구성원이나 가정 상황에 따라 매우 달라진다. 와키 마사요의 식탁도 몇 년에 걸쳐 완전히 바뀌었다. 딸이 셋이지만 두 딸이 독립하여 현재는 부부와 딸 하나다.

"딸들이 있던 시절부터 완전히 힘을 빼고 있었어요. 주로 재료 중심의 단순한 요리를 만들었지요. 이것저것 잔뜩 넣지 않고 단일 재료만 사용하는 요리가 중심이었어요. 예를 들어 여름에 오크라를 2팩 샀다면 전부 한 번에 전자레인지로 가열한 다음 소금 간을 조금 해서 반찬 하나를 완성해요. 여기에 구운 고기를 곁들이면, 끝! 이런 식이지요."(웃음)

하루에 1개씩 반찬을 만들고, 남은 반찬은 다음 날로 넘긴다. 그때 다시 메뉴 하나를 만들면 반찬이 2개가 된다. 남은 것은 다시 다음 날로 넘긴다. 이렇게 식단을 조금씩 겹쳐가면서 돌리고 있다.

"따로 반찬을 만든다기보다 부부 두 사람이 먹기에는 많아서 먹고 남은 걸 보관하는 셈이지요."

잘 먹는 딸 셋을 위해 이것저것 요리를 잔뜩 만들던 시기, 부부 두 사람의 단출한 식사를 기본으로 하던 시기. 그리고 지금, 와키의 식탁은 새로운 단계에 접어들었다.

탄수화물과 단것을 줄이니 사이즈가 달라진다

"어느 날 남편이 요즘 뱃살이 나오는 것 같아서 걱정이라고 하는 거예요"

당시에도 딱히 살이 찔 만한 식사를 하지는 않았다. 하지만 나이를 먹으면서 기초대사량이 줄어든 것도 사실이다. 예전과 같은 음식을 동일한 양만큼 계속 먹으면 살이 찌는구나, 천천히 불어나는 허리에 손을 대면서 그렇게 생각했다.

수개월 보았던 한 건강식 책이 떠올랐다. 《MEC식食》이라는 책이었다.

"고기와 달걀, 치즈의 앞글자를 따서 MEC입니다. 오키나와의 낙도(육지에서 멀리 떨어진 섬)에 머무르는 의사가 쓴 책이었어요. 낙도에서는 한밤중에 응급 환자가 발생해도 본섬의 큰 병원으로 이송하기 힘들어 곤란했다고 해요. 그래서 도민의 병을 근원부터 예방하는 방법이 없을까 고민한 결과 생각해낸 것이 MEC식이라고 합니다. 혈당치가 올라가지 않도록 당질이 들어간 식단을 줄이고 단백질을

아침 식사는 뜨거운 커피에 동량의 차가운 우유를 부은 카페 오레(이 온도 차를 고수한다). 태블릿 PC로 메일이나 뉴스를 체크하면서 두 잔을 마신다. "커피는 인스턴트로 충분해요. 스틱 타입은 풍미가 변할 일도 없어서 여행할 때도 가지고 다니지요."

많이 섭취합니다. 음식은 30번 씹어 소화가 잘되도록 한다는 것이 기본입니다. 이 방법을 시도했더니 당뇨병이나 고혈압 환자의 증상이 상당히 개선되었다고 적혀 있었어요. 다이어트 효과도 기대할 수 있다고 하고요."

남편뿐만 아니라 나 자신의 건강을 위해서도 시도해볼 만한 식단이라고 생각했다.

"마침 부부 두 사람이 생활하던 시절이었어요. 딸에게 신경 쓸 일도 없으니 시작하기 쉬웠지요."

탄수화물은 완전히 끊어야 하고 조미료도 당질이 들어 있는 소스나 청주, 맛술은 사용할 수 없으며 좋아하던 단것도 입에 대지 못하는 등 당질 제로 식단은 꽤나 엄격했다. 그 대신 고기나 생선 등의 단백질은 많이, 지방은 듬뿍 섭취하게 되었다.

"이 식사법은 처음 시작할 때부터 철저하게 지키는 편이 좋은 것 같아요. 한 달 정도 지속하니까 몸이 상당히 가벼워져서 좋아요."

그때부터 1년 반 이상이 지난 지금은 고기, 달걀, 치즈에 채소를 더한 식단이 되었다.

"레시피를 고안하는 작업을 맡을 때도 사용하는 식재료나 조리법 등 뭔가 제약이 있는 편이 오히려 쉽다고 생각하는 편입니다. 오히려 '뭐든지 좋아요'라는 주문이 더 곤란해요. 당질 제로 식단도 마찬가지예요. 이건 먹으면 안 된다는 식재료가 생기면 식단을 차리는 데 있어 폭이 좁아지니까 의외로 편해요. 이게 안 된다면 저렇게 하면 어떨까, 요것 대신 그걸 쓰면 어떨까 생각하는 거지요."

중학생 이후로 가장 날씬한 몸이 되었다는 아키. 몸이 한결 가벼워졌다고 한다. 하의는 두 사이즈나 줄었다.

누구도 신경 쓸 것 없이
자신이 편하다고 생각되는 일을 한다

"다만 지금이야 이게 편하다고 생각해서 계속하고 있지만, 어느 날 갑자기 그만두고 싶을지도 모르죠. 어찌 되었든 그때 당시에 본인이 편하다고 생각하는 일을 하는 게 제일이에요."

60세를 넘기고 나면 아이들도 이제 어엿한 사회인이다. 예전만큼 많은 일에 신경을 쓰지 않아도 된다. "정말 편해졌어요!" 얼굴에 시원한 웃음을 띠우는 와키. 편한 마음으로 살아가기 위해 여분의 욕심을 차리지 않는 것. 그것이 와키가 지금 살아가는 방식이다.

"욕심을 버리면 여러 가지 좋은 일이 모여들게 되는 거예요!"

일과 일 사이에 틈틈이 먹는 평소의 점심 메뉴.
산더미 같은 샐러드와 오믈렛이 단골 메뉴로 고다 치즈와 체더 치즈를 넣거나 햄을 추가하는 등 변형을 가미하고 있다.
"달걀은 아무리 많이 먹어도 질리지 않아요. 이번에는 삶은 달걀을 다져서 넣어볼까 봐요."

버터를 듬뿍 넣은
치즈 오믈렛

재료(1인분)

달걀 2개
레드 체더 치즈 40g
우유 1큰술
소금, 후추 약간씩
버터 1큰술
어린잎채소 적당량

만드는 법

① 레드 체더 치즈는 굵게 다진다.
② 달걀은 소금으로 간을 해서 잘 푼 다음 ①과 우유, 후추를 더해 골고루 섞는다.
③ 프라이팬은 뚜껑을 닫고 중간 불에 올려 1분 정도 가열한다. 버터를 넣은 다음 전부 녹기 전에 ②를 붓는다.
④ 주걱으로 휘저으며 전체적으로 반숙이 되면 프라이팬 가장자리로 몰아 형태를 잡는다. 뒤집어서 달걀 물이 굳으면 그릇에 뒤집듯이 담아 어린잎채소로 장식한다.

저녁

큰 접시에 채소 3~4종류를 듬뿍 담아서 각자 앞접시에 덜어가 양념을 한다. 와키는 아무것도 뿌리지 않고 그대로, 남편은 올리브 오일이나 식초를 두른다. 남은 채소는 다음 날로 넘긴다. "딸이 있을 때는 여기에 밥을 더합니다."

생선구이용 그릴로 바삭하게

닭 날개 그릴 구이

재료(2인분)

닭 날개 12개

소금 1작은술(닭 날개 무게의 1%)

고춧가루, 후추 적당량씩

만드는 법

① 닭 날개는 끝부분을 잘라내고 칼집을 넣어 뼈 2개를 잇는 양쪽 틈새 관절을 끊는다. 비닐봉지에 넣고 소금을 더해 전체적으로 간이 되도록 흔든 다음 15~20분간 재운다.

② 생선구이용 그릴을 달군 다음 ①을 얹는다. 양면 구이용이라면 8~10분, 단면 구이용이라면 앞뒤로 6분씩 중간 불에 굽는다. 취향에 따라 고춧가루나 후추를 뿌린다.

오른쪽: 주걱이나 뒤집개, 젓가락 등은 실리콘 제품을 고집한다. "탄력이 있어서 음식을 잡기 쉬워요. 손에 쥐기도 편해서 자연스럽게 요리를 할 수 있지요."

왼쪽: 카이주식회사와 협력하여 인덕션 레인지 사용자를 위해 강철부터 연구하여 개발한 'o.e.c.' 시리즈.

안전하고 청소가 간편한 인덕션 레인지

30년 전, 인덕션 레인지가 등장했을 때 '이렇게 편리한 조리 도구가 있구나' 생각했다고 한다. 전문 요리사는 가스레인지를 선호하지만, 와키는 인덕션을 고집한다.
"불을 켠 채로 내버려 두거나 불길이 옮겨붙을 염려가 거의 없어 특히 노년 세대에게 추천합니다. 그리고 무엇보다 청소가 간편해요." 그야말로 확실한 보증. 하지만 오믈렛이나 중국식 볶음 요리 등 아무래도 하기 힘든 요리는 있다. 그런 난점을 극복하기 위해 인덕션 전용 냄비나 프라이팬 개발에 종사해서 문제를 해결했다.

문지르면 반짝반짝, 냄비 닦기는 스트레스 해소법

청소와 다림질을 좋아하는 와키는 냄비 닦기를 습관처럼 하고 있다. 10년간 관리하고 있는 스테인리스 냄비도 언제나 새것처럼 반짝거린다.

"여유가 있을 때 그을음이 신경 쓰이면 착착 닦아내기 시작해요. 스테인리스는 300도를 넘어서면 황변하거든요. 그래서 깨끗해 보이지만 사실은 노랗게 물들어 있는 상태일 때도 있어요. 깨끗하게 닦는 요령은 나일론 수세미를 최대한 작게 잘라 사용하는 거예요. 언제나 새것처럼 사용할 수 있습니다."

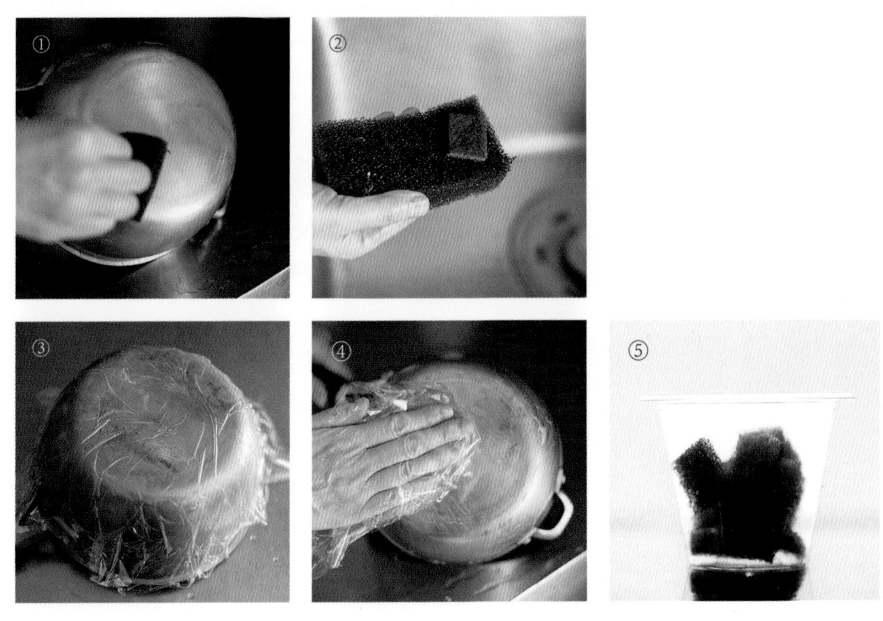

① 나일론 수세미(와키는 '스코치 브라이트' 제품을 사용한다)를 3cm 크기로 자른다.

② 지저분해진 부분에 세제를 떨어뜨리고 랩을 씌워 불린다.

③ 랩을 씌운 채로 15분 정도 둔다.

④ 평상시 사용하는 주방 스펀지에 ①을 얹는다.

⑤ 전체적으로 골고루 닦은 다음 물로 씻어낸다.

자유롭고 풍요로운 노년의 식탁을 위해

전설의 가게 'PÂTÉ야' 하야시 노리코

부드럽고 건강한 맛의 파테는 이유식으로 아기에게 먹일 수 있을 정도.

하야시 노리코

도쿄 덴엔쵸우 '파테야' 주인, '음식 연구 공방' 주재. '미야기현의 너도밤나무 지역 지도(미야기현)', '스타마의 풍토와 음식 지도(야마나시현 스타마시)' 제작과 '세계의 맛 구조를 연구하다(스이규가쿠단)', '너도밤나무 지역 원더랜드전(세타가야구 생활공방)' 등의 행사에 관여하고 있다.

파테 전문점을 개업한 지도 어느덧 45년째다. 더없이 자유롭고 대범한 요리로 오랫동안 손님들에게 설렘을 준 하야시 노리코. 어깨의 힘을 뺀 그녀의 이야기를 듣노라면 10년 후, 20년 후가 기대된다.

덴엔쵸우 역에서 고급 주택가로 이어지는 길을 똑바로 걸어가면 울창하게 녹색으로 우거진 작은 숲이 보인다. 입구에는 'PÂTÉ야'의 간판이 걸려 있다. 넓은 정원을 지나 안쪽으로 들어가면 눈에 들어오는 자그마한 건물이 파테 가게다. 쇼케이스에는 간 파테, 버섯 페이스트, 굴 시금치 페이스트 등 맛있어 보이는 파테와 페이스트, 마리네가 늘어서 있다.

하야시 노리코가 운영하는 '파테야'는 일본인이 '파테가 뭔데?' 하고 생각했을 시절부터 운영해온 파테 전문점이다. "어느 날 직원으로부터 여기에서 사용하는 조미료는 소금뿐이네요'라는 말을 듣고 그러고 보니 정말 그렇더라고요. 원재료의 감칠맛을 끌어내는 데 푹 빠진 지도 45년째입니다." 하야시가 말하는 파테 만들기, 그리고 80세를 맞이한 '지금의 생활과 식탁'에 대한 이야기를 들어본다.

왼쪽: 근처에 '파테야'를 졸업한 직원이 운영하는 카페가 있다. 모둠 파테를 맛볼 수 있는 곳이다.

오른쪽: 안쪽 주방에서 직원이 파테를 만들고 있다. "요즘엔 편하게 일하는 것도 오래 일하는 데 필요하겠다 싶어 전자 제품을 사용하고 있지만, 식재료를 다듬을 때는 어쩔 수 없이 수작업이 많아집니다."

파테 만들기와 점심 식사는 직원과 함께

파테를 만드는 과정은 개점 초기에 레시피로 정리해두었다. 거기에 직원이나 고객의 의견을 더해가면서 지금의 맛에 이르렀다. "앞으로도 변해가겠죠." 하야시의 이야기다.

"효율적으로 작업하면 요리도 깔끔하게 완성되고 직원도 지치지 않습니다. 제가 가장 신경 쓰고 있는 부분은 '소금의 양'이에요. 예를 들어 파테 재료인 생간에 탄력이 조금 부족하다면 감칠맛(혹은 단맛)이 적다는 뜻이니 소금의 양도 조금 줄입니다. 그리고 오븐에 노릇하게 구운 향미 채소를 더합니다. 대량으로 만든 다음 소분해서 냉동하지요. 그 외에도 향신료, 식초 등의 재료는 3개월간 재워서 만들어둡니다."

파테 만들기 작업이 일단락되면 즐거운 점심 식사가 이어진다. 직원 두세 명과 함께 먹는 식사는 빵과 파테(매번 소금 간 확인을 겸하여)에 수프를 곁들인다. 특히 수프의 맛이 뛰어나고 영양이 높다고 한다.

"파테나 리예트를 만드는 과정에서 나온 국물을 이용해 직원 식사용 수프를 만듭니다. 이미 맛이 잘 우러나 있기 때문에 채소를 더해 익히기만 해도 정말 맛있는 수프가 됩니다."

이곳에서 사용하는 식재료는 좋은 것만 엄선해서 고른다. 버섯은 탱탱하고 탄력 넘치는 야마가타산, 청어 마리네용 청어는 노르웨이에서 선상 냉동한 제품이다. 직원과 점심 식사를 할 때는 버섯 샐러드나 청어 알 간장 절임 등으로 손을 조금 봐서 원재료를 최대한 즐긴다.

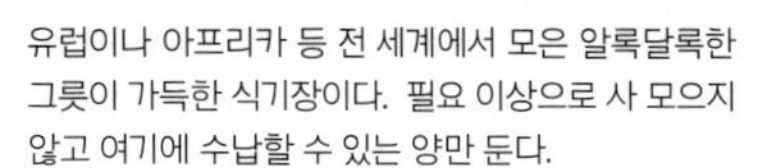

유럽이나 아프리카 등 전 세계에서 모은 알록달록한 그릇이 가득한 식기장이다. 필요 이상으로 사 모으지 않고 여기에 수납할 수 있는 양만 둔다.

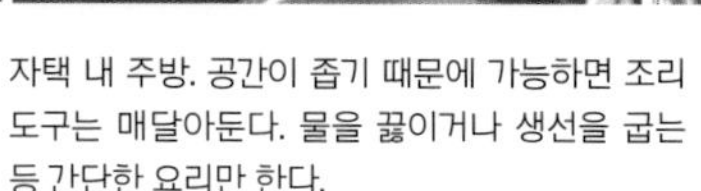

자택 내 주방. 공간이 좁기 때문에 가능하면 조리 도구는 매달아둔다. 물을 끓이거나 생선을 굽는 등 간단한 요리만 한다.

음식도 생활도 얽매이지 않고 자신의 생각대로

'지금의 생활과 식탁'에 대해 질문하자 "80세의 식탁은 말이죠… 뭐, 그야말로 '자유다!' 이 한 마디면 끝나지 않을까요?" 하며 싱긋 웃는다.

남편과는 오래전에 이별하고 아들 둘도 벌써 독립해서 혼자 살게 된 지도 한참이 지났다. 외롭지 않냐고 묻는 사람이 없을 정도로 하야시의 혼자 사는 생활은 아주 유쾌해 보인다. 식탁 차림새도 지극히 자유로워서 '아침, 점심, 저녁은 이래야 한다'라는 규칙에 얽매이지 않는다. 올빼미형인 하야시는 아침엔 커피 정도만 챙겨 마신다.

오후 6시 가게 문을 닫으면 하루 중 그녀가 가장 좋아하는 시간이 시작된다. "다른 건 없더라도 일단은 '그것'부터!" 장난스럽게 표현한 그것은 바로 맥주. 그녀는 술을 무척 즐기는 편이다. 맥주가 있으면 행복하다고. 밤에도 식탁은 자유롭다. 맥주를 마시면서 일단 텔레비전을 시청한다. 그러다 슬슬 배가 고프면 기분에 따라 뭘 먹을지 궁리한다.

"생선이 먹고 싶으면 냉동실에 있는 열빙어나 상품 가치가 떨어진 청어를 살짝 구워요."

굽는 방법에도 요령이 있다. 주물 프라이팬에 알루미늄 포일을 깔고 그 위에 생선 크기에 맞춰 자른 구이용 포일을 겹쳐 깔고 굽는다. 그러면 생선 껍질이 바삭해지고 포일만 버리면 뒷정리가 끝나니 매우 편리하다.

"부엌일은 좀 설렁설렁하려고 하는데, 귀찮은 게 싫은 제 성격을 직원들도 이미 간파하고 있어요."

밥이나 빵 등의 탄수화물은 거의 먹지 않는다. 치즈나 숙성한 낫토를 안주 삼아 한가롭게 맥주나 와인을 즐긴다.

요리와 자연, 지방의 이야기를 들은 대로 기록한 것. 장르별로 분류한 장서는 주재하고 있는 '음식 연구 공방' 활동에도 활용한다.

한때 건축가였던 히야시. 자택 설계에도 참여했다. "이 집에서 제일 좋아하는 곳이 바로 휑하니 뚫려서 시원한 다이닝 룸이에요. 나선형 계단은 아이가 어렸을 때 즐겨 놀던 곳이었지요."

지역적 특성을 알면
음식이 더욱 풍부해진다

"텔레비전 보는 걸 좋아해서 매일 아침 커피를 마시며 관심 있는 프로그램은 체크해두고 놓치지 않으려고 해요. 자연, 우주, 여행, 드라마, 코미디, 역사 등 주제는 다양하지요. 원래 건축을 전공해서 예전에 네덜란드와 파리의 설계 사무소에서 1년씩 도면을 그린 적이 있어요. 그때 지역적 특성에 맞는 단순한 '식사'의 매력을 알게 되면서 언젠가는 음식과 관련된 일을 하고 싶다고 생각했어요. 일본과 유럽에 같은 재료가 많다는 점에도 놀랐어요. 지역별 자연환경 등 다양한 음식 풍경을 볼 수 있는 타임라이프 출판사의 《세계의 요리》 시리즈도 자주 꺼내 봅니다."

집에 있는 커다란 책장이 늘 든든하게 그녀의 요리 세계를 지탱하고 있다.

"얼마 전에 실수로 맛이 떨어지는 김을 왕창 받아버렸어요. 어떻게 처리해야 하나 고민하던 차에, 예전에 만든 적 있는 영국 웨일스의 아침 메뉴 '레이버 브레드Laver Bread(김 등의 해초류로 만든 페이스트를 빵에 발라 먹는 음식 -옮긴이)'가 떠올랐어요. 직원이 '인터넷을 보면 레시피가 있어요'라고 말하기에 모두 함께 재미 삼아 만들어봤지요. 그 메뉴는 텔레비전 방송에서 C.W.니콜(작가이자 환경운동가)이 고향인 웨일스를 방문하면서 보게 된 것이니 1980년대였을 거예요. 1992년에 인쇄 제작을 위해 레이버 브레드를 만든 적이 있어요."

그렇다면 휴일은 어떻게 보내고 있을까?

"쉬는 날에는 혼자서 느긋하게 책장과 컴퓨터, 텔레비전이 있는 집 안을 어슬렁거리기만 해도 즐겁고 편안합니다. 그래도 술자리가 있는 날엔 신나게 외출하지요!"

특별부록 | 관리영양사가 알려드립니다

영양사가 말하는 60세부터 필요한 요리 10계명

사람들의 식생활 습관과 건강을 오랫동안 연구해온 혼다 코코가 노년 세대에게 제안합니다. 매일 해왔던 요리에 대한 생각을 조금씩 바꿔보세요. 균형 잡힌 영양으로 요리를 즐겁게 만드는 10가지 요령을 소개합니다.

혼다 코코

영양사, 의학 박사. 건강과 영양을 고려한 건강한 조리법을 제안한다. 바른 식생활 교육, 운동선수의 영양 지도 등 폭넓은 활동을 전개하고 있다. 저서로는 《60대부터의 생활은 작고 알차게》(미카사 서점) 등이 있다.

해가 바뀔수록 젊었을 때와 비교해 체력이나 기력이 많이 떨어지고 가족 구성원에도 변화가 생깁니다. 그런 탓에 요리하고 싶지 않다는 날이 많아졌다는 이야기를 자주 듣습니다. 제 자신도 마찬가지입니다. 하지만 사람이 먹지 않고 살아갈 수는 없겠지요. 그래서 오랜 경험을 살려 간단하고 편리하면서도 건강한 식사를 만들 것을 권하고 있습니다.

예를 들어 찌거나 삶는 요리는 전자레인지를 이용하고, 손이 많이 가는 채소 밑손질은 한꺼번에 해치워 보관해두고, 통조림 등의 재료도 적절히 사용합니다.

영양학적인 면은 굳이 어려운 내용을 따지지 말고 여러 가지 재료를 골고루 먹는 데에만 신경 쓰면 문제없습니다. 세세한 영양소를 계산하는 데 집착하면 요리가 재미없어질 수밖에 없으니까요. 고기, 생선, 채소, 유제품 등으로 하루 식단을 균형 있게 꾸린다면 그걸로 충분합니다.

요리는 두뇌 훈련에도 도움이 된다

요리하는 과정은 두뇌 자극에도 굉장한 도움이 됩니다. 재료를 살피면서 계절감을 느끼고, 자연스럽게 오감이 단련됩니다. 그뿐만 아니라 물가나 유행의 변화도 파악할 수 있습니다. 맛과 영양의 균형을 생각하며 식단을 구성하고 순서를 점검하는 과정은 두뇌 건강에도 매우 좋습니다. 매일 세 끼니를 먹는 만큼 하루에 3번씩 두뇌를 단련하게 되니 건강하게 나이를 먹기 위한 효과적인 훈련이라 할 수 있지 않을까요?

01

국 하나, 반찬 3개를 기본으로

여러 가지 영양소를 골고루

요즘 '국 하나 반찬 하나' 식사법이 유행입니다. 매일이 바쁜 젊은 세대에는 요리할 부담이 줄어드니 좋은 방법이라고 생각하지만, 우리처럼 나이 먹은 사람들은 조금 섭섭하지 않나요? 오랫동안 몇 첩 반상을 먹으며 살아왔으니까요.

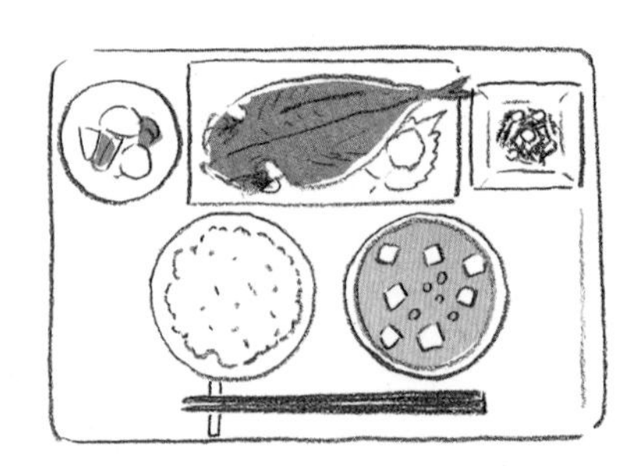

60대 이후에도 젊은 시절처럼 다양한 종류의 영양분을 섭취하는 것이 바람직합니다. 어렵게 생각할 것 없이 반찬 가짓수를 늘리면 자연스레 균형이 잡힙니다. 맛이 진한 반찬이 메인으로 있으면, 나머지 반찬은 조금 심심한 맛으로 먹고 싶잖아요. 그런 식으로 자연스럽게 염분과 당분, 유분을 조절하면 됩니다. 일부러 영양 계산을 하지 않아도 한쪽으로 치우치지 않습니다.

02

식단은 채소부터 정하기

냉동하기 쉬운 고기나
생선보다 신선도가 중요한
채소부터 사용하기

식단을 구성할 때 우선 고기나 생선의 주요리를 결정하는 사람이 많습니다. 그런 다음 주 요리에 맞춰서 곁들이는 채소 반찬을 정하고요. 하지만 그런 순서를 따르면 되도록 빨리 먹어야 하는 채소가 남게 되는 경우가 있습니다. 채소는 신선도가 중요하기 때문에 채소를 우선적으로 사용하여 식단을 구성하는 것이 좋습니다. 고기나 생선은 냉동실에 넣어 보관하면 되니까요.
우선 채소 칸을 확인해보세요. 예를 들어 오이 1개가 남아 있다면 오이를 밀대로 부숴 간을 한 다음 참깨 소스를 뿌려 반찬 하나 완성. 만가닥버섯이 있다면 버터에 볶아 반찬 하나 더 추가. 그런 다음 고기나 생선으로 반찬에 어울리는 메인 요리를 생각하는 게 순서입니다. 미처 다 쓰지 못한 고기나 생선은 밑간을 한 뒤 소분해서 냉동합니다.

03

진짜 신경 써야 하는 것은 소금간이 아니라 맛과 향

요리의 간이 진해지는 것을 금물

나이가 들면 미각이 둔해진다고 생각하는 사람이 많은 것 같습니다. 그래서 무심코 간을 진하게 해버리는 악순환에 빠지기 쉽습니다. 과도한 염분은 신장이나 심장, 위장에도 부담이 되므로 매우 주의해야 합니다.
다시 국물을 제대로 만들어 감칠맛을 살리거나 식초 및 감귤류 등의 산미로 포인트를 염분이 아니더라도 맛의 균형을 살릴 수 있습니다. 향신료나 허브 등 풍미를 효과적으로 활용하는 것도 추천합니다. '미각은 습관'이라는 말도 있습니다. '조금 싱거운가' 싶을 정도로 간을 맞추다 보면, 곧 그 정도가 맛있다고 느껴지게 됩니다. 재료 자체의 맛도 확실하게 즐길 수 있고요.

04

요리는 기운찬 아침 시간에

해가 지고 나면
요리 준비가 귀찮아지기 마련

최근 들어 요리할 기력이 줄어들었다는 말을 자주 듣습니다. 날이 저물어 혼자 부엌에 서서 요리하다 보면 왠지 우울해집니다. 하루의 피로까지 쌓여 머리도 몸도 무거운 느낌이 들기도 하고요.
그렇다면 요리하는 시간대를 밤에서 아침으로 바꿔보는 것은 어떨까요? 시간이 오래 걸리는 조리는 아침에 끝내두고 밤에 마무리를 하는 식으로요. 아침에 준비를 끝내두면 덜 귀찮게 느껴질 겁니다.
채소는 썰어두고 고기는 손질해서 밑간을 해두세요. 국이나 조림 등은 아침에 만들어두면 맛이 진하게 배어듭니다. 약속이 있는 날도 저녁 준비를 미리 해두면 마음 편히 외출할 수 있습니다.

05

간단한 손질은 미리미리

다음 요리가 쉬워지도록
밑손질은 자르거나 삶기만

밑손질의 철칙은 '될 수 있으면 간단하게'입니다. 다른 요리를 만들더라도 맛이 여러 번 계속되면 질리니까요. 채소는 썰어서 소금에 절이거나 전자레인지로 가열해두세요. 그 정도라면 샐러드나 볶음 요리에 모두 사용할 수 있으니 요리의 폭이 넓어집니다.
또한 채소를 구입했다면 바로 손질해두는 게 좋습니다. 예를 들어 브로콜리를 샀다면 그대로 통째로 냉장고에 넣어두지 말고 바로 잘라서 전자레인지로 가열해둡니다. 그러면 오믈렛에 다져 넣거나 수프에 넣어 색을 내기도 좋고, 반찬이 부족하면 치즈구이를 만들기도 하는 등 다양한 메뉴로 먹을 수도 있습니다.

06

통조림은 비상 식품이 아니라 일상 재료

생선을 손쉽게 먹고 싶다면 연어캔과
고등어캔을 활용

연어캔이나 고등어캔 등의 통조림은 보존하기 좋고 썰거나 양념을 하는 등 손질해야 할 필요가 없어 아주 편리한 식재료입니다. 신선도가 좋은 물고기를 가공한 데다 공기와의 접촉이 최소화되었기 때문에 두뇌 및 혈관 건강에 도움을 주는 영양 성분이 별로 산화되지 않습니다.

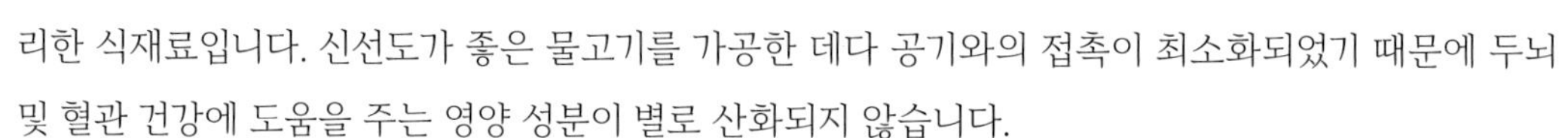

하지만 통조림은 비상식이라는 이미지가 강해서 찬장 안쪽에 오도카니 놓여 있는 경우가 많습니다. 보관하기 좋다고는 하지만 유통기한이 있으니 가능하면 일상적으로 사용하길 바랍니다. 볶거나 수프에 넣을 때는 절임액이나 오일 등도 좋은 국물 양념이 되므로 버리지 말고 사용하기를 권장합니다. 무엇보다 간편하게 양질의 단백질을 섭취할 수 있으니 평소에도 통조림을 자주 활용해보세요.

07

요리는 다름 아닌 나를 위한 것

언제까지나 즐겁게
부엌에 설 수 있도록

아이를 위해 혹은 남편을 위해서 음식을 하다 보면 그 '누군가'가 사라지는 순간 요리가 귀찮아지게 됩니다. 그렇게 되지 않도록 매일의 요리는 나를 위해서 만드는 것이라고 생각해보세요. 그것만으로도 긍정적인 기분이 되고 두뇌 활성화에 좋은 영향을 줍니다.

또한 즐겁게 요리하고 있으면 자연스럽게 음식에 대한 정보에도 민감해집니다. 맛있는 음식에 관한 이야기는 성별이나 나이에 관계없이 분위기를 살리는 주제입니다. 훨씬 많은 사람과 대화를 즐길 수 있게 될 거예요.

08

간단한 육수는 늘 부엌에

재고를 마련해두면

언제든 메뉴를 늘릴 수 있다

미리 만들어둔 육수만 있으면 수프를 재빨리 만들 수 있고 조림 요리에 활용하는 등 식단이 풍성해집니다. 제가 추천하는 방법은, 간단한 육수를 만들어 상시 페트병에 담아두는 것입니다. 만드는 법도 간단합니다. 500ml들이 생수 페트병에 다시마 5g(5X8cm 크기 1장을 잘게 잘라서 준비), 말린 가다랑어포 5g(소형 팩 1~2봉. 말린 멸치나 말린 표고버섯만 사용하는 것도 좋은 방법)을 담아 냉장고에 넣어두세요. 하룻밤 재우면 맛있는 육수가 완성됩니다. 매번 요리할 때마다 육수를 낼 필요가 없어서 간편합니다. 사용하지 않은 육수는 페트병에 담은 채로 3~4일간 냉장고에 보관할 수 있습니다. 사용한 후에는 다시마와 말린 가다랑어포를 꺼내 물과 함께 냄비에 넣어 끓이면 2차로 국물을 낼 수 있습니다.

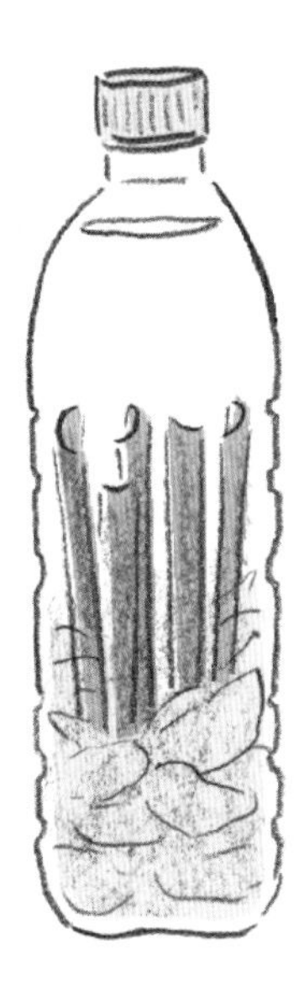

09

단백질은 적극적으로

60대는 채소보다 고기나 생선 섭취량에
주의해야 한다

'영양학적으로 앞으로 어떤 점을 주의해야 할까요?'라는 질문을 자주 받습니다. 하지만 영양학적인 균형은 어중간한 지식으로 판단내리기가 무척 어렵습니다. 그래서 저는 '다양한 종류의 식재료를 골고루 먹는 것이 제일입니다'라고만 대답합니다.

하지만 적극적으로 섭취하면 좋은 식재료는 채소보다는 단백질입니다. 60대가 되면 채소는 원래 많이 먹어온 습관이 있기 때문에 별로 걱정할 일은 없습니다. 나이를 먹을수록 근육량이 감소하기 때문에 단백질 섭취와 적당한 운동이 중요합니다. 고기나 생선, 달걀은 물론 두부나 콩 등을 의식적으로 충분히 먹고 있는지 체크해주세요.

10

반찬은 적당히 변형하여

가정식에 가까운 맛을 내려면
간을 연하게 한다

요즘에는 채소를 사용한 시판 제품이 다양하게 나오고 있습니다. 보존성이 높아 미처 장을 보러 나갈 틈이 없을 때 아주 유용합니다. 다만 그대로 먹기엔 맛이 너무 강해서 어느 정도 간을 다시 보는 것이 좋습니다. 예를 들어 시판 우엉 조림은 짧게 잘라 얇게 저민 연근과 함께 볶거나 곱게 다져서 초대리로 양념한 밥에 섞으면 맛있는 지라시스시로 변합니다. 또한 모둠 뿌리채소 볶음은 다시 국물에 넣어 건더기가 푸짐한 뿌리채소 국을 만들 수도 있습니다. 이러한 변신은 오랜 시간 요리를 해온 우리들 세대의 요령입니다. 기본기가 확실하기 때문에 할 수 있는 '어른의 노하우'인 셈이죠.

오랜 쌀가게의 밥이 더 맛있어지는 반찬 만들기 수업

'하쿠산 쌀가게'의 어머니는 밥과 함께 먹기 좋은 반찬 만들기의 달인.
간단하게 만들 수 있는 포인트를 쏙쏙 짚어냅니다.

스즈키 키누에

도쿄 지유가오카에 자리한 '하쿠산 쌀가게'를 남편과 함께 운영한다. 매주 수요일에 판매하는 스즈키 수제 도시락이 유명하다.

동네 주민들이 밥을 맛있게 먹었으면 하는 마음에 도시락을 23년간 판매해왔습니다. 한쪽으로 치우치지 않고 다양한 맛을 즐길 수 있도록 신경 쓰며, 맛뿐만 아니라 식감까지 고려한 식단을 준비해요. 너무 손이 많이 가는 조리법보다는 재료 본래의 맛을 느낄 수 있는 단순하고 담백한 맛을 고수합니다.

아이들이 독립하면서는 부부 두 사람에게 맞는 식사를 시작했어요. 간이 진한 음식을 선호하던 남편도 담백한 맛을 즐기게 되어 초무침이나 시라아에(으깬 두부에 참깨 소스 등으로 양념을 한 다음 각종 식재료를 무쳐 만드는 반찬. -옮긴이) 등 부드러운 맛의 반찬이 늘었습니다. 치아도 약해져서 채소는 가능한 한 얇게 썰고 충분히 가열하게 되었어요.

나이가 들수록 점점 요리하기가 귀찮아진다는 말은 자주 듣지만, 기분전환이 된다고 생각해서 큰 부담 없이 즐겁게 만들려고 합니다. 대신 간단하고 빠르게 만들어요. 예전이라면 별로 사용하는 일이 없었던 전자레인지를 적극적으로 활용하게 되어 채소나 생선을 찔 때도 전자레인지를 이용합니다. 찜기를 사용하지 않으면 설거지 양도 줄고 공간도 절약하게 되지요. 그 외에도 채소는 한

번에 밑손질을 마쳐서 바로 사용할 수 있는 상태로 보관합니다. 소스나 드레싱은 넉넉하게 만들어서 저장해요.

‘맛있어요’라는 말을 들으면 요리가 즐거워진다

내가 만든 음식에 대한 칭찬만큼 대한 요리에 대한 흥미가 높아지는 말도 없습니다. 나는 가능하면 요리에 대해 칭찬해달라는 말을 적극적으로 하는 편입니다. 혼자 사는 사람도 누군가에게 대접할 기회를 만들거나 SNS를 활용하면 좋을 거예요. 저는 도시락을 판매하면서 실감했는데, 누군가로부터 ‘맛있어요’라는 말을 들으면 갑자기 의욕이 쑥 올라가더라고요.

여러모로 활용 가능한 두부

단백질과 영양소가 풍부한 두부. 반찬을 하나 더 만들고 싶을 때 순식간에 완성할 수 있는 고마운 존재입니다. 냉두부는 그냥 먹어도 맛있지만 고명을 얹으면 푸짐한 반찬이 됩니다.

남은 숙주 멘마 무침은 냉장고에서 3일 정도 보관할 수 있습니다. 라면에 얹거나 순무 잎 및 미역 등과 함께 버무리는 등 다양하게 활용할 수 있어요. 곁들인 반찬이 맛있어 보이면 대충 차린 식탁처럼 보이지 않아서 좋습니다. 간편하게 만들 수 있는 음식일수록 담음새나 색 조합을 연구하면 식탁이 충실해집니다.

익숙한 재료를 이용한

숙주나물과 멘마 냉두부

재료(2인분)

목면 두부 1/2모

숙주나물 1봉

멘마(죽순을 젖산 발효시킨 가공 식품. -옮긴이)
(양념이 된 시판 제품) 한 줌 분량

A | 간장 2작은술
식초 1작은술
맛술 1작은술

B | 굵은 소금 수북한 1작은술
깨소금 1작은술
참기름 1작은술

무순 적당량

라유 적당량

만드는 법

① 숙주는 깨끗이 씻어 물에 담가둔다. 멘마는 손으로 숙주와 같은 굵기로 찢는다. A는 섞어둔다.

② 숙주는 물기를 제거하고 살짝 데치거나, 내열 용기에 담아 뚜껑을 느슨하게 덮은 다음 전자레인지(600W)에서 1분간 가열한다. 뜨거울 때 B를 더해 골고루 섞는다. 식으면 멘마를 더해 마저 섞는다.

③ 반으로 자른 두부를 그릇에 나누어 담고 ②를 적당량씩 얹는다. 무순을 뿌린 다음 A와 라유를 적당량 두른다.

포인트: 숙주는 숨이 빨리 죽으므로 전자레인지를 사용할 때 오래 가열하지 않도록 주의한다. 헹구는 것도 재빠르게 해야 한다.

비타민B나 C, 칼륨 등 영양소가 풍부한 아보카도는 적극적으로 섭취해야 하는 식품입니다. 견과류도 비타민E와 식이섬유가 풍부하고 질감에 변화를 줄 수 있어 샐러드나 볶음 요리에 고명으로 쓰기 좋아요.

영양도 맛도 충분한

아보카도와 어묵 냉두부

재료(2인분)

비단 두부 1/2모

아보카도 1/2개

치쿠와 어묵(생선 살 반죽을 봉 등에 입혀서 굽고 가운데가 뻥 뚫린 모양인 것이 특징인 어묵 -옮긴이) 1~2개

A | 식초 1작은술
올리브 오일 1작은술
굵은 소금 한 자밤
유즈코쇼(청유자의 껍질과 다진 고추를 섞어서 만들어 매콤하고 향긋한 양념. -옮긴이) 1/4~1/2작은술

다진 양파 한 줌 분량

땅콩이나 호두(굵게 다진 것) 약간

올리브 오일 적당량

만드는 법

① 아보카도는 1.5cm 크기로 깍둑 썰고 치쿠와는 5mm 두께로 송송 썰어 볼에 담아 A와 함께 버무린다.

② 두부는 세로로 2등분한 다음 각각 접시에 나누어 담고 ①을 반씩 나누어 얹는다. 마무리로 양파와 견과류를 뿌린 다음 올리브 오일을 두른다.

→ 포인트: 밑손질 없이도 단백질을 보충할 수 있는 생선 살 어묵을 냉장고에 갖춰두면 안심이 된다.

반찬이 필요 없는 국물 요리

피곤해서 귀찮을 때도 국물 요리라면 먹기 편하고 위장에도 부담이 없습니다. 채소는 물론 단백질을 보충할 수 있는 재료를 넣어 푸짐하게 만들면 국물 요리 하나만 차려도 충분히 만족스러워요.

술지게미에 단백질이 함유되어 있어 혈액 순환에 좋고 체온이 올라가는 효과가 있다고 합니다. 감자를 넣으면 훨씬 푸짐해져요. 다음 날이 되면 감자에 맛이 푹 배어들어 훨씬 맛있습니다. 한 번에 푸짐하게 만들어 며칠간 먹기 좋아요.

손발이 따뜻해지는
연어 카스지루粕汁(술지게미를 풀어서 맛을 내는 것이 특징인 일본식 국물 요리. -옮긴이)

재료(2인분)

생연어 필레(두껍게 썬 것) 1조각(약 130g)

A
- 무, 당근(7mm 두께로 십자 썰기한 것) 각 2cm 분량
- 양파(대충 썬 것) ¼개 분량
- 유부(직사각형으로 썬 것) ½장 분량
- 다시마(반으로 잘라서 1cm 폭으로 썬 것) 5cm 크기 분량
- 물 500ml

B
- 술지게미(페이스트형) 3큰술
- 미소 된장 1~1½큰술

버터 5g

대파 푸른 부분(어슷썬 것) 10cm 분량

시치미 토우가라시, 간 생강 적당량씩

만드는 법

① 연어는 한입 크기로 썰고 끓는 물에 넣어 살짝 데친다.

② 냄비에 A를 담고 중간 불에 올려 내용물이 부드러워질 때까지 익힌다.

③ 소형 볼에 ②의 국물을 조금 덜어 B를 넣고 녹인 다음 냄비에 다시 붓는다.

④ ①을 넣고 전체적으로 익을 때까지 약한 불에 가열한다. 마무리로 버터와 대파를 더해 한소끔 끓인 다음 불에서 내린다.

⑤ 그릇에 담고 취향에 따라 시치미 토우가라시, 생강 간 것을 더한다.

포인트: 원래 연어 서덜로 만드는 요리지만, 구하기 쉽고 밑손질도 편리한 생연어 필레로도 맛있게 만들 수 있다.

버섯에서 맛있는 국물이 나오므로 시판 닭 육수 가루는 아주 조금만 넣어도 충분합니다. 유즈코쇼의 톡 쏘는 매운맛이 포인트예요.

감칠맛을 충분히 끌어낸

버섯국

재료(2인분)

버섯(잎새버섯, 팽이버섯, 표고버섯, 만가닥버섯 등 3종류 이상) 모둠 100g

두부(목면 또는 비단) ¼모

물 400ml

닭 육수 시판 가루 ½~1작은술

청주 1작은술

간장 넉넉한 ½작은술

유즈코쇼 적당량

만드는 법

① 잎새버섯은 손으로 찢고 팽이버섯은 절반 길이로 자르고, 표고버섯은 얇게 저민다.

② 두부 이외의 재료를 냄비에 넣고 물을 부어 익힌다. 끓으면 불 세기를 약하게 낮추고 1분 정도 끓인 다음 불을 끈다.

③ 깍둑 썬 두부를 더하여 한소끔 끓인다. 그릇에 담아 취향껏 유즈코쇼를 곁들인다.

► 포인트: 잎새버섯은 칼이 없어도 손질할 수 있어 사용하기 편리하다. 맛있는 국물이 나온다는 것도 장점.

연근이 자연스럽게 걸쭉한 질감을 내서 목 넘김이 부드럽습니다. 목감기에 걸려 식욕이 없을 때도 술술 마시기 좋아요. 한펜을 넣어 더 푸짐하게 만듭니다.

식욕이 없을 때는

연근 한펜 스리나가시지루すり流し汁(식재료를 곱게 이겨서 국물에 풀어 만드는 요리. -옮긴이)

재료(2인분)

연근 50g
녹말가루 1/2큰술
팽이버섯 1봉(약 100g)
한펜(생선 살과 참마 등을 섞어서 쪄내 하얗고 부들부들한 것이 특징인 어묵. -옮긴이) 1장
버터 10g
물 400ml
콘소메 큐브 1개
검은 후추 적당량

만드는 법

① 연근은 껍질을 벗기고 5분 정도 물에 담갔다가 간다. 녹말가루를 더해 섞는다.
② 팽이버섯은 절반의 길이로 자르고 한펜은 한입 크기로 썬다.
③ 냄비에 팽이버섯과 버터를 넣고 중간 불에 가볍게 볶는다. 물과 콘소메를 더하여 한소끔 끓으면 불 세기를 낮춘 다음 ①을 부으며 골고루 휘저어 걸쭉하게 만든다. 한펜을 더해서 부드럽게 부풀면 불을 끈다.
④ 그릇에 담고 검은 후추를 뿌린다.

포인트: 손바닥에 얹어 자른다. 국물 요리를 푸짐하게 만들고 감칠맛을 끌어 올리려면 한펜을 추천한다.

국물을 내지 않아도 재료에서 나오는 감칠맛과 가다랑어포 한 자밤만으로 충분히 맛있는 된장국이 됩니다. 물론 가다랑어포와 다시마로 우린 다시 국물을 사용하면 훨씬 깊은 맛이 납니다. 부추는 푹 익히지 않아야 아삭아삭한 질감을 즐길 수 있어요.

활력이 차오르는 향기

토란 부추 된장국

재료(2인분)

토란 120g

유부 1/2장

부추 4대

물 400ml

미소 된장 1¼큰술

말린 가다랑어포 한 자밤

만드는 법

① 토란은 껍질째 그대로 물에 담가 10분 정도 삶은 다음 흐르는 물에 깨끗하게 씻는다. 꼭지를 잘라내고 손으로 껍질을 벗긴 다음 먹기 좋은 크기로 썬다. 유부는 세로로 반으로 자른 다음 1cm 너비로 썰고 부추는 잘게 송송 썬다.

② 냄비에 물, 토란, 유부를 담고 전체적으로 걸쭉해질 때까지 중간 불에 익힌다.

③ 약한 불에 올려 미소를 풀고 말린 가다랑어포를 더한 다음 불을 끈다. 부추를 넣는다.

포인트: 딱딱해서 벗기기 힘든 토란 껍질도 한 번 삶아내면 스르륵 벗길 수 있다.

푸짐한 주요리

가끔 묵직하고 푸짐한 요리가 먹고 싶을 때 추천하는 반찬 4종입니다. 촉촉하고 부드러운 질감이니 딱딱한 음식을 먹기 어려운 분들에게 추천합니다.

찌듯이 굽는, 즉 찜 구이 방식대로 만들면 부드러운 햄버그가 됩니다. 이 레시피를 따라 해본 사람들은 '고기가 딱딱하지 않고 부드럽다'고 말해요. 소스에 진한 맛을 내려면 마무리로 소스만 따로 조금 끓이면 됩니다.

절대 실패하지 않는

햄버그 찜 구이

재료(2인분)

다진 고기 250g
버섯류(만가닥버섯, 새송이버섯, 잎새버섯, 표고버섯 등) 100g
양파(다진 것) 1/4개 분량

A | 빵가루 1/2컵
우유 50ml
달걀 1/2개
굵은 소금 1/2작은술
너트메그, 후추 약간씩

레드 와인(또는 청주) 2큰술

B | 케첩 1~2큰술
간장 1/2작은술
물 5큰술

식용유 적당량

만드는 법

① 볼에 양파와 A를 담아 골고루 섞는다. 다진 고기를 더하여 손가락으로 가볍게 꼬집듯이 전체적으로 골고루 잘 섞는다(반죽하는 것처럼 힘을 주지 않도록 주의한다). 2등분하여 공기를 빼면서 타원형으로 빚은 다음 냉장고에서 30분 정도 재운다.

② 냉장고에서 꺼내 10분 정도 두어 실온으로 되돌린 다음 가운데 부분을 우묵하게 누른다.

③ 프라이팬을 달구고 기름을 두른 다음 ②를 나란히 얹어 강한 불에 굽는다. 앞뒤로 구운 색이 나면 레드 와인을 두르고 중약불로 낮춘 다음 먹기 좋은 크기로 자른 버섯을 햄버그 주변에 두른다. 잘 섞은 B를 넣고 뚜껑을 덮어 5~6분간 찌듯이 굽는다.

④ 접시에 담고 ③의 소스를 두른다.

포인트: 반죽을 심하게 하면 익으면서 고기가 수축되어 질감이 이상해진다.

오향가루는 시나몬이나 팔각 등을 섞은 중국의 혼합 향신료입니다. 오향 풍미를 가미하면 간단하게 본토에 가까운 맛을 낼 수 있어요. 가라아게 등의 밑간용으로도 추천해요. 차슈는 얇게 채 썬 양배추와 함께 밥에 얹어 덮밥으로 만들어도 좋습니다.

보관해두면 편리한 신속 간단
차슈

재료(2인분)

돼지고기 로스 고기(두껍게 썬 것) 2조각(300g)

A
- **간장** 1½큰술
- **꿀** 수북한 1큰술
- **오향가루** ½작은술

B
- **간장** 2큰술
- **꿀** 1큰술

만드는 법

① A와 B는 각각 따로 섞는다.

② 돼지고기는 힘줄 부분에 적당히 칼집을 넣은 다음 A를 골고루 문질러 바른다.

③ 예열한 생선구이용 그릴에 ②를 얹는다. 중강 불에서 양면 구이 그릴은 8~9분, 단면 구이 그릴은 한 면당 4~5분씩 노릇노릇하게 굽는다.

④ 불을 끄고 그릴을 연 채로 수 분간 그대로 휴지한다.

⑤ 고기를 꺼내 먹기 쉬운 크기로 잘라 그릇에 담고 B를 두른다.

▶ 포인트: 골고루 문질러 바르면 장시간 재우지 않아도 맛이 속까지 잘 배어든다.

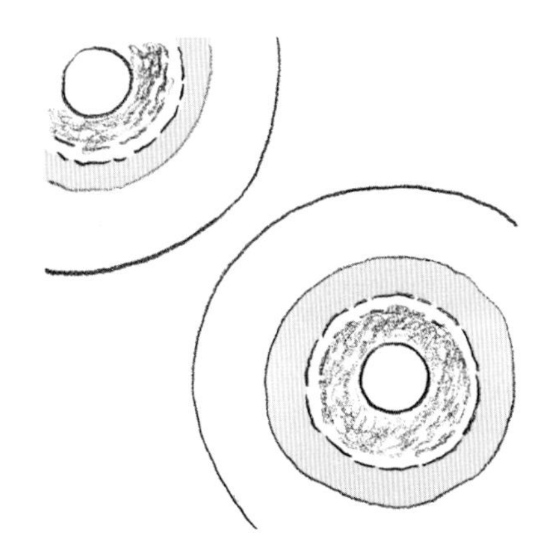

간단한 쓰쿠네 경단도 큼직하게 빚어 노른자를 얹으면 만찬 느낌이 납니다. 노른자와 양념을 경단에 발라 가면서 먹습니다. 달걀흰자는 쓰쿠네 반죽에 넣습니다.

달걀노른자 하나로 만찬 분위기를

달맞이 쓰쿠네 경단

재료(2인분)

A | **닭고기 다진 것**(허벅지살과 가슴살 혼합) 200g
연근 다진 것 60g
생강(간 것), **미소, 청주** 각 1작은술씩
빵가루 4큰술
달걀흰자 2개 분량

식용유 1작은술

달걀노른자 2개 분량

B | **간장, 맛술, 설탕** 각 2큰술씩

만드는 법

① 내열 용기에 B를 넣어 잘 섞은 다음 전자레인지(600W)에서 1분 30초~2분간 가열하여 매콤달콤한 양념을 만든다.

② 볼에 A를 넣고 손으로 잘 섞는다. 2등분하여 둥글게 펼친 다음 중심을 500원 동전 정도의 크기로 우묵하게 누른다.

③ 프라이팬에 식용유를 두르고 우묵하게 누른 부분을 아래로 오도록 하여 중간 불에서 2분 정도 굽는다. 뒤집어서 뚜껑을 덮은 다음 3~4분간 약한 불에 굽는다.

④ 그릇에 담아서 ①을 두른 다음 중심에 노른자를 얹는다.

포인트: 작은 냄비에 담아 졸일 필요 없이 전자레인지로 가열하면 걸쭉한 양념장이 완성된다.

전자레인지는 기종에 따라 가열 정도가 달라지므로 대구와 연근이 제대로 익었는지 확인하면서 조리해야 합니다. 갓 절임 대신 더우치(소금에 절여서 발효한 검은 콩. 조미료로 사용한다. -옮긴이)를 사용하면 훨씬 본토에 가까운 맛이 납니다. 큰 그릇에 담은 채로 식탁에 차리면 호화로운 분위기가 되고, 1인분씩 나누어 담으면 대접하는 느낌을 낼 수 있습니다.

전자레인지로 간단하게

중화풍 대구찜

재료(2인분)

생대구 2조각

A
- **연근(소)** 1도막
- **표고버섯** 2장
- **새송이버섯** 1개
- **빨강 파프리카** 1/4개
- **대파** 10cm
- **갓 절임** 1큰술

B
- **우스터 소스** 1작은술
- **간장** 2작은술
- **청주** 2큰술
- **물** 2큰술
- **녹말가루** 1작은술

파드득나물 1/2단

참기름 2작은술

소금, 후추 적당량씩

만드는 법

① 생대구는 물기를 닦아낸 다음 소금과 후추를 뿌려 내열용 큰 그릇에 담는다. 연근, 표고버섯, 새송이버섯, 붉은 파프리카는 1.5cm로 깍둑 썬다. 대파는 길게 반으로 자른 다음 잘게 썬다.

② 볼에 A와 B를 넣고 골고루 섞은 다음 접시에 담은 대구 위에 예쁘게 얹는다. 랩을 느슨하게 얹어 전자레인지(600W)에서 6분간 가열한다.

③ 파드득나물을 뿌리고 작은 냄비에서 뜨겁게 데운 참기름을 두른다.

포인트: 전자레인지로 가열하면 찜기나 냄비 등의 조리 도구를 사용하지 않으므로 뒷정리가 간편하다.

이름 없는 요리를 합니다

나답게 살기 위한 부엌의 기본

1판 1쇄 인쇄 2019년 10월 23일
1판 1쇄 발행 2019년 10월 30일

지은이 주부와생활사
옮긴이 정연주
펴낸이 김성구

책임편집 현미나
단행본부 류현수 고혁 홍희정
디자인 이영민
제작 신태섭
마케팅 최윤호 나길훈 김영욱 김미연
관리 노신영

펴낸곳 (주)샘터사
등록 2001년 10월 15일 제1-2923호
주소 서울시 종로구 창경궁로35길 26 2층 (03076)
전화 02-763-8965(단행본부) 02-763-8966(마케팅부)
팩스 02-3672-1873 | 이메일 book@isamtoh.com | 홈페이지 www.isamtoh.com

ISBN 978-89-464-7300-3 13590

이 도서의 국립중앙도서관 출판예정도서목록(CIP)은 서지정보유통지원시스템 홈페이지
(http://seoji.nl.go.kr)와 국가자료종합목록 구축시스템(http://kolis-net.nl.go.kr)에서
이용하실 수 있습니다. (CIP제어번호 : CIP2019040803)

• 값은 뒤표지에 있습니다.
• 잘못 만들어진 책은 구입처에서 교환해드립니다.

• 이 책의 본문 중 일부는 아리따글꼴을 사용하여 디자인했습니다.

S.RAPHAEL
S.RAPHAEL
RIANDER SEED
ABASCO